复合式地基连续隔振屏障及其理论分析

周凤玺　马　强　著

科学出版社
北　京

内 容 简 介

本书针对地基振动及其控制问题，以空沟、波阻板及其复合形式的连续隔振屏障为研究对象，对不同隔振体系的弹性波散射及其隔振性能进行了详细的理论分析。全书共 6 章。第 1 章为绪论；第 2 章和第 3 章分别介绍了单空沟和多空沟对平面弹性波的散射及隔振效果；第 4 章和第 5 章分别介绍了传统均质波阻板和层合波阻板隔振屏障；第 6 章介绍了空沟-波阻板联合隔振屏障。本书以期为治理人工振动引起的环境污染、解决城镇现代化建设与环境的协调发展提供必要的理论和技术支撑。

本书可供岩土工程、振动工程等领域从事教学、科研和地基隔振设计的人员参考，也可作为相关专业研究生的参考资料。

图书在版编目(CIP)数据

复合式地基连续隔振屏障及其理论分析 / 周凤玺，马强著. —北京：科学出版社，2024.6

ISBN 978-7-03-078266-3

Ⅰ. ①复… Ⅱ. ①周… ②马… Ⅲ. ①地基-隔振基础-研究 Ⅳ. ①TU476

中国国家版本馆 CIP 数据核字（2024）第 056820 号

责任编辑：任加林　李　莎 / 责任校对：马英菊
责任印制：吕春珉 / 封面设计：东方人华平面设计部

科 学 出 版 社 出版
北京东黄城根北街 16 号
邮政编码：100717
http://www.sciencep.com

北京九州迅驰传媒文化有限公司印刷
科学出版社发行　各地新华书店经销
*
2024 年 6 月第 一 版　开本：B5（720×1000）
2024 年 6 月第一次印刷　印张：8 1/2
字数：168 000

定价：80.00 元

（如有印装质量问题，我社负责调换）
销售部电话 010-62136230　编辑部电话 010-62137026（BA08）

前　言

随着道路交通、工业生产等人工振源诱发的环境振动污染问题日益凸显，地基振动及其治理成为土动力学和环境岩土工程领域亟须解决的重要课题之一。本书是作者课题组在土动力学地基隔振方面相关研究成果的总结。

第 1 章为绪论，主要介绍了地基连续隔振屏障的研究意义，并对国内外的研究现状进行了简要的概述。第 2 章为单空沟对平面弹性波的散射及隔振效果，主要针对弹性半空间中设置单空沟隔振屏障在不同类型平面弹性波入射下的散射问题及隔振性能进行了分析。第 3 章为多空沟对平面弹性波的散射及隔振效果，针对多重空沟隔振屏障在不同类型平面弹性波入射下的散射问题及隔振性能进行了研究，并与单空沟隔振屏障的隔振效果进行了比较。第 4 章为均质波阻板隔振屏障，以均质波阻板为对象，基于经典的连续介质动力学，分析波阻板隔振屏障对各类弹性平面波的散射问题和隔振性能。第 5 章为层合波阻板隔振屏障，主要针对层合波阻板隔振屏障对各类弹性平面波的散射问题和隔振性能进行了理论分析。第 6 章为空沟-波阻板联合隔振屏障，首先介绍了非分裂完全匹配层吸收边界的数学模型及其有限元计算列式，然后基于完全匹配层吸收边界和有限单元法对空沟-波阻板联合隔振屏障在二维和三维地基中的隔振性能进行了数值分析。

本书的编写得到了梁玉旺博士，以及硕士研究生焦欧阳、高潇丽、刘佳、周志雄等诸多课题组成员的大力支持，在此表示感谢！

本书的出版得到了国家自然科学基金（项目编号：5136803、51978320）、甘肃省基础研究创新群体（项目编号：20JR5RA478）、甘肃省环境保护厅（现生态环境厅）科研计划（项目编号：GSEP-2014-2）、兰州理工大学红柳青年教师培养计划和兰州理工大学红柳杰出青年人才资助计划的资助，在此表示衷心的感谢！

由于作者水平有限，书中的不妥之处在所难免，敬请读者批评指正。

作　者

2023 年 7 月

目　录

第1章 绪　论

由环境振动（如交通荷载、工程施工及机器运行等）诱发的地基振动及其治理是土动力学和环境岩土工程领域亟须解决的重要课题，其中振动波在传播过程中的散射问题是地基振动及其控制研究中的基础性科学问题。深入研究不同地基隔振屏障的工作机理可为治理各种人工振动引起的环境污染、解决城镇现代化建设与环境的协调发展之间的矛盾提供必要的理论和技术支撑。

1.1 研究意义

一方面，随着城镇化建设和现代工业的迅速发展，各种人工振动引起的环境污染问题日益频繁，如动力机器基础、交通荷载（地下交通、高铁、轻轨等）及建筑施工过程（爆破、打桩、强夯等），对邻近的建筑物及地下管线、精密仪器和设备及人们的生活环境和工作环境具有不可忽视的影响；另一方面，随着生活水平的提高，人们对生活环境和工作环境的质量要求也越来越高，对振动的限制越来越严格，环境振动问题已经引起人们的普遍关注，被列入国际上公认的七大环境公害。因此，环境振动及其治理是岩土工程领域的一个研究热点问题。

环境振动污染即振动超过一定的界限时，对人体的健康和设施产生损害，对人类的生活和工作环境产生干扰。由于地基是将振动从人工振源向周边环境传播的主要中间介质，通过地基引起的周边环境振动是人工振动污染的主要途径。地基振动污染的实质是振动通过地基土介质向四周传播，进一步诱发周边建筑物的二次振动，从而对建筑物的结构安全及建筑物内人员的工作和生活产生了不容忽视的影响。对地基的振动控制通常包括两个方面：一是控制振源，主要从减振的角度进行考虑；二是控制振动的传播途径，主要从隔振的角度进行考虑。在既有振源与保护区之间设立屏障来切断弹性波的传播路径，衰减振动能量，降低振动幅度，是目前国际上普遍采用的隔振措施。屏障隔振的原理是建立在波的反射、散射和衍射基础上的，其实质是振动波被存在于介质中的波障所反射、散射和衍射。根据波障与振源和被隔离体的相对位置，振动的隔离可分为主动隔振和被动隔振。主动隔振又称近场积极隔振，是在振源附近设置屏障，通过减小振源辐射出来的波能进行隔振的方法；被动隔振又称远场消极隔振，是在远离振源的被隔离体附近设置屏障来减小振动输入的隔振方法。

1.2 研究现状

高广运[1]根据隔振屏障的形式进一步将屏障分为连续屏障（如空沟、填充沟、波阻板等）和非连续屏障（孔列、桩列和板桩等）。其中，空沟隔振和波阻板隔振以其施工方法简便，造价低且具有较好的隔振效果而被广泛应用于工程实践中，也得到学者们的广泛研究。

自 Woods[2]通过一系列的现场原位试验，研究了空沟近场主动隔振和远场被动隔振的隔振效果，并提出采用振幅衰减系数来衡量屏障隔振效果，为理论和试验研究提供一个判断屏障隔振效果的重要参数以来，国内外学者对空沟的隔振减振性能进行了大量的试验研究和数值分析[3-7]。各种试验结果、理论分析结果及数值模拟结果均表明，空沟的隔振效果主要取决于屏障的深度，空沟越深，其隔振（减振）效果越好，通常要求屏障深度要大于一倍的瑞利（Rayleigh）波波长，但由于土体稳定性、地下水位和造价等因素的影响，空沟不可能设置很深，这使空沟只能适用于中高频振动的隔振问题，对于低频振动几乎没有隔振效果。

由于低频人工振源产生的 Rayleigh 波波长较长，有时高达五十多米甚至上百米，这种情况下由于屏障深度的限制，工程无法采用空沟屏障。Chouw 等[8]分析了基岩上单一土层表面作用简谐线荷载时土层内波的传递特性，分析结果表明，基岩上单一土层的振动存在截止频率，当表面作用的简谐线荷载的频率低于这个截止频率时，土层中没有波的传播，即辐射阻尼接近于零。根据土层中波的传播存在截止频率这个现象，Chouw 等[8]建议人工设置一个类似的硬夹层，以形成一个有限尺寸的人工基岩来进行减振隔振，并将这个人工基岩称为波阻板（wave impedence block，WIB）。与空沟隔振相比，波阻板隔振屏障不受深度和场地的限制，施工方便且其对于中低频振动具有很好的隔振效果，但对高频振动远场易出现放大现象[9-11]。

综上所述，通过地基引起的周边环境振动是人工振动污染的主要途径，鉴于地基振动问题的普遍性和复杂性，使地基振动控制尤其是关于减振隔振措施的研究成为土动力学和岩土工程抗振领域的研究热点之一。对新型连续隔振屏障的研究不仅可以丰富环境振动与控制的研究内容，促进相关学科领域的进一步发展，并为此类隔振屏障在地基振动控制中的广泛应用提供重要的理论支撑。

参 考 文 献

[1] 高广运. 非连续屏障地面隔振理论与应用[D]. 杭州：浙江大学，1998.

[2] WOODS R D. Screening of surface waves in soils[J]. Journal of the Soil Mechanics and Foundations Division，1968，94（4）：951-979.

[3] BABU G L S，SRIVASTAVA A，RAO K S N，et al. Analysis and design of vibration isolation system using open trenches[J]. International Journal of Geomechanics，2010，11（5）：364-369.

[4] 时刚，高广运. 饱和地基中二维空沟远场被动隔振研究[J]. 振动与冲击，2011，30（9）：157-162.

[5] TSAI P H. Effects of open trench dimension on screening effectiveness for high speed train induced vibration[J]. Applied Mechanics and Materials，2013，256-259：1187-1190.

[6] 巴振宁，梁建文，王靖雅. 空沟对层状饱和地基中列车移动荷载的隔振性能研究[J]. 岩土工程学报，2017，39（5）：848-858.

[7] 周凤玺，梁玉旺. 多空沟对弹性波的散射及隔振性能分析：平面 P-SV 波入射[J]. 振动工程学报，2023，36（3）：789-795.

[8] CHOUW N，LE R，SCHMID G. An approach to reduce foundation vibrations and soil waves using dynamic transmitting behavior of a soil layer[J]. Bauingenieur，1991，66：215-221.

[9] TAKEMIYA H. Field vibration mitigation honeycomb WIB for pile foundations of a high-speed train viaduct[J]. Soil Dynamics and Earthquake Engineering，2004，24：69-87.

[10] 周凤玺，马强，周志雄. 二维地基中空沟-波阻板联合隔振屏障分析[J]. 岩土力学，2020，41（12）：4087-4092.

[11] 王滢，赵彩清，高盟，等. 矩形管波阻板对饱和地基中列车振动的隔振性能研究[J]. 地震工程与工程振动，2023，43（1）：229-238.

第 2 章　单空沟对平面弹性波的散射及隔振效果

2.1　引　　言

在地基中设计隔振屏障具有造价低，施工方便及不改变振源和被隔离物体的优点，从而引起了人们的广泛重视。根据振源与屏障的位置，屏障分为近场主动隔振屏障（图 2.1）和远场被动隔振屏障（图 2.2）[1-2]。近场主动隔振屏障用来防止振源输出，远场被动隔振屏障用来防止振源输入。根据屏障本身的几何特性，隔振屏障分为连续性屏障和非连续性屏障[3]。连续性屏障是指屏障为一个连续的整体，如空沟、填充沟、波阻板等；非连续性屏障由间断的屏障单体构成，如排桩等。由于问题的复杂性，目前针对均匀各向同性的半空间中空沟隔振问题的研究方法主要集中于数值方法和试验方法。针对空沟，尤其是多空沟隔振的解析解答相对较少。

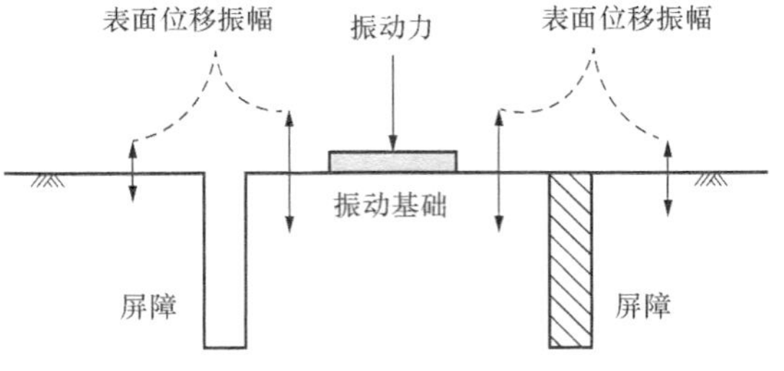

图 2.1　近场主动隔振屏障

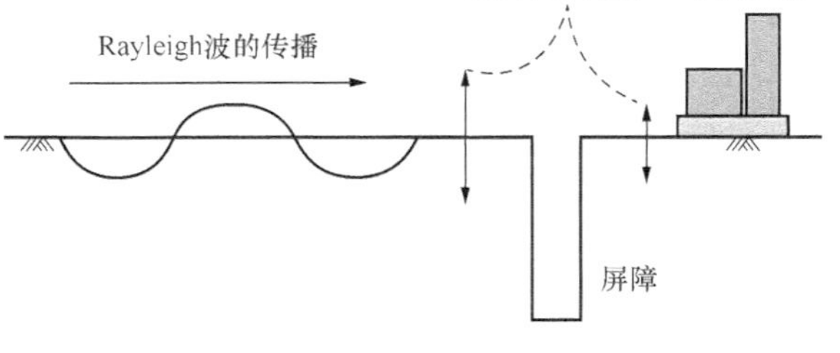

图 2.2　远场被动隔振屏障

2.2　平面 SH 波入射

平面SH波是弹性波散射问题中具有实际意义且比较简单的弹性波散射问题，原因在于它满足位移场的标量波动方程，在边界上不存在波形转换现象，容易构造出满足边界条件的波函数解，使很多问题都能得到精确的封闭解。

2.2.1　基本方程

SH 波为反平面剪切波，其位移场 u_3 依赖坐标 (x_1, x_2) 或者坐标 (x_{1j}, x_{2j})，平面 SH 波满足的波动方程可表达为关于位移场 $u_3(x_1, x_2, t)$ 的二阶偏微分方程，即

$$\frac{\partial^2 u_3}{\partial t^2} = v_S^2\left(\frac{\partial^2 u_3}{\partial x_1^2} + \frac{\partial^2 u_3}{\partial x_2^2}\right) \tag{2.1}$$

式中，$v_S = \sqrt{\mu / \rho}$ 为反平面剪切波波速，μ、ρ 分别为土体介质的剪切模量和质量密度。

当位移场为稳态情形时，位移场势函数 $u_3(x_1, x_2, t)$ 可表示为

$$u_3(x_1, x_2, t) = u_3(x_1, x_2)\mathrm{e}^{-\mathrm{i}\omega t} \tag{2.2}$$

式中：$\mathrm{e}^{-\mathrm{i}\omega t}$ 为时间因子，在后面的讨论中将被忽略。

将式（2.1）代入式（2.2）中，通过分离变量法得到如下亥姆霍兹（Helmholtz）方程：

$$\nabla^2 u_3 + k_S^2 u_3 = 0 \tag{2.3}$$

式中，$\nabla^2 = \dfrac{\partial^2}{\partial {x_1}^2} + \dfrac{\partial^2}{\partial {x_2}^2}$ 为拉普拉斯（Laplace）算子；$k_S = \dfrac{\omega}{v_S}$ 为剪切波波数。

由平面 SH 波引起的应力场可以表达为

$$\tau_{13} = \mu\frac{\partial u_3}{\partial x_1} \tag{2.4a}$$

$$\tau_{23} = \mu\frac{\partial u_3}{\partial x_2} \tag{2.4b}$$

引入复数变量 $z = x_1 + \mathrm{i}x_2$，$\bar{z} = x_1 - \mathrm{i}x_2$，根据复合函数求导法有如下变换关系：

$$\frac{\partial}{\partial x_1} = \frac{\partial z}{\partial x_1}\frac{\partial}{\partial z} + \frac{\partial \bar{z}}{\partial x_1}\frac{\partial}{\partial \bar{z}} = \frac{\partial}{\partial z} + \frac{\partial}{\partial \bar{z}} \tag{2.5a}$$

$$\frac{\partial}{\partial x_2} = \frac{\partial z}{\partial x_2}\frac{\partial}{\partial z} + \frac{\partial \bar{z}}{\partial x_2}\frac{\partial}{\partial \bar{z}} = \mathrm{i}\frac{\partial}{\partial z} - \mathrm{i}\frac{\partial}{\partial \bar{z}} \tag{2.5b}$$

$$\frac{\partial^2}{\partial {x_1}^2}=\left(\frac{\partial}{\partial z}+\frac{\partial}{\partial \overline{z}}\right)^2 \tag{2.5c}$$

$$\frac{\partial^2}{\partial x_2^2}=-\left(\frac{\partial}{\partial z}-\frac{\partial}{\partial \overline{z}}\right)^2 \tag{2.5d}$$

根据式（2.5）中的变换关系，将式（2.3）和式（2.4）在复数域中进行表达：

$$\frac{\partial^2 u_3}{\partial z \partial \overline{z}}+\frac{1}{4}k_{\mathrm{S}}^2 u_3=0 \tag{2.6}$$

$$\tau_{13}=\mu\left(\frac{\partial u_3}{\partial z}+\frac{\partial u_3}{\partial \overline{z}}\right) \tag{2.7a}$$

$$\tau_{23}=\mathrm{i}\mu\left(\frac{\partial u_3}{\partial z}-\frac{\partial u_3}{\partial \overline{z}}\right) \tag{2.7b}$$

在极坐标系中，式（2.7）可进一步表达为

$$\tau_{rx_3}=\mu\left(\frac{\partial u_3}{\partial z}\mathrm{e}^{\mathrm{i}\gamma}+\frac{\partial u_3}{\partial \overline{z}}\mathrm{e}^{-\mathrm{i}\gamma}\right) \tag{2.8a}$$

$$\tau_{\theta x_3}=\mathrm{i}\mu\left(\frac{\partial u_3}{\partial z}\mathrm{e}^{\mathrm{i}\gamma}-\frac{\partial u_3}{\partial \overline{z}}\mathrm{e}^{-\mathrm{i}\gamma}\right) \tag{2.8b}$$

式中，γ 为极轴 r 轴与 x_1 轴的夹角。

2.2.2　数学模型

如图 2.3 所示，弹性半空间中设置一矩形空沟，其宽度和深度分别为 a 和 b。假定半空间为均匀的各向同性介质，其物理力学性质由拉梅（Lamé）常数 λ 和 μ 及质量密度 ρ 表示。平面 SH 波从半空间入射问题即为空沟对平面波的二维散射问题。

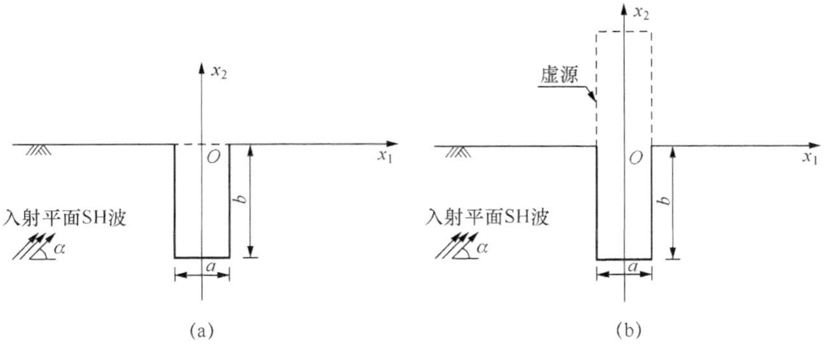

图 2.3　平面 SH 波入射下空沟数学模型

2.2.3　波场分析

设平面 SH 波的入射频率为 ω，在全局坐标系(x_1, x_2)下，入射平面 SH 波的位移势函数可以表达为

$$u_3^{\text{in}} = W_0 \exp[\mathrm{i}k_\mathrm{S}(x_1 \cos\alpha + x_2 \sin\alpha)] \tag{2.9}$$

式中，上标 in 表示入射场；W_0 为入射 SH 波的幅值；α 为入射 SH 波与水平方向（x_1 轴）的夹角；$k_\mathrm{S} = \omega / v_\mathrm{S}$ 为平面 SH 波的波数，v_S 为平面 SH 波的波速。

由欧拉公式 $\mathrm{e}^{\mathrm{i}\alpha} = \cos\alpha + \mathrm{i}\sin\alpha$ 和复数坐标关系 $z = x_1 + \mathrm{i}x_2$，$\bar{z} = x_1 - \mathrm{i}x_2$，入射平面 SH 波的位移势函数在对应复数坐标系$(z, \bar{z})$下可表达为

$$u_3^{\text{in}} = W_0 \exp\left[\frac{\mathrm{i}k_\mathrm{S}}{2}(z\mathrm{e}^{-\mathrm{i}\alpha} + \bar{z}\mathrm{e}^{\mathrm{i}\alpha})\right] \tag{2.10}$$

当入射波遇到自由边界时会产生反射波，类似地，将反射波位移势函数在复数坐标系$(z, \bar{z})$下进行表达：

$$u_3^{\text{re}} = W_0 \exp\left\{\frac{\mathrm{i}k_\mathrm{S}}{2}[z\mathrm{e}^{\mathrm{i}\alpha} + \bar{z}\mathrm{e}^{-\mathrm{i}\alpha}]\right\} \tag{2.11}$$

式中，上标 re 表示反射场。

当入射波遇到空沟边界时会产生散射波，利用设虚源法，通过求解 Helmholtz 方程（2.6）可以得到预先满足半空间水平边界处应力自由边界条件及无穷远处的索末菲（Sommerfeld）辐射边界条件的 SH 波散射位移势函数：

$$u_3^{\text{sc}} = \sum_{n=-\infty}^{\infty} A_n H_n^{(1)}(k_\mathrm{S} | z |)\left\{\left(\frac{z}{|z|}\right)^n + \left(\frac{z}{|z|}\right)^{-n}\right\} \tag{2.12}$$

式中，上标 sc 表示散射场；A_n 为待定复系数；$H_n^{(1)}(\cdot)$ 为第一类 n 阶汉克尔（Hankel）函数；花括号里面第一项、第二项分别是由空沟边界和虚源产生的散射场。

至此，半无限空间中总的位移场在任意复数坐标$(z_j, \bar{z}_j)$下可表达为

$$u_3 = u_3^{\text{in}} + u_3^{\text{re}} + u_3^{\text{sc}} \tag{2.13}$$

2.2.4　问题求解

使用虚源法可将半空间问题转化为全空间问题，可以由复变函数保角变换理论很方便地将问题中的矩形边界变换为容易处理的简单边界，由 z 平面上矩形边界保角变换到 ζ 平面上的单位圆，如图 2.4 所示。

将 z 平面上矩形边界保角变换到 ζ 平面上单位圆的保角变换公式可以具体表达为

$$z = \omega(\zeta) = R\left(\frac{1}{\zeta} + c_1\zeta + c_3\zeta^3 + c_5\zeta^5 + c_7\zeta^7\right) \tag{2.14}$$

式中

$$c_1 = \cos(2\chi\pi) \tag{2.15a}$$

$$c_3 = -\frac{1}{6}\sin^2(2\chi\pi) \tag{2.15b}$$

$$c_5 = -\frac{1}{10}\sin^2(2\chi\pi)\cos(2\chi\pi) \tag{2.15c}$$

$$c_7 = \frac{1}{896}(10\cos(8\chi\pi) - 8\cos(4\chi\pi) - 2) \tag{2.15d}$$

$$R = \frac{a}{2(1+c_1+c_3+c_5+c_7)} \quad 或 \quad R = \frac{d}{2(1-c_1+c_3-c_5+c_7)} \tag{2.16}$$

式中，χ是取决于空沟的深度与宽度比值b/a的系数；系数 c_1、c_3、c_5、c_7 仅与χ有关；R 为与空沟尺寸相关的实数。对于χ值，当$b/a=1$时，χ=0.25，其他情况可采用试算法求解，即估计一个χ值，通过式（2.15）并结合式（2.16）可得到计算值b/a，将计算值b/a与实际值b/a比较，然后反复此过程最后找到合适的χ值。

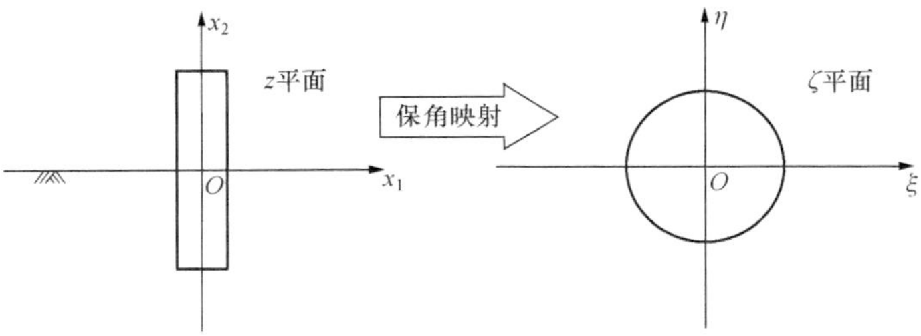

图 2.4 保角变换前后的坐标系统

空沟边界上满足的应力自由边界条件可以写为

$$\tau_{rx_3}\big|_{r=1} = 0 \tag{2.17}$$

将式（2.13）代入式（2.8）并由式（2.17）可建立起关于待定复系数 A_n^k 无穷阶线性方程组：

$$\sum_{n=0}^{\infty} K_n A_n = Y \tag{2.18}$$

式中

$$K_n = H_{n-1}^{(1)}(k_S|\omega|)\left(\frac{\omega}{|\omega|}\right)^{n-1} e^{i\gamma} - H_{n+1}^{(1)}(k_S|\omega|)\left(\frac{\omega}{|\omega|}\right)^{n+1} e^{-i\gamma}$$

$$- H_{n+1}^{(1)}(k_S|\omega|)\left(\frac{\omega}{|\omega|}\right)^{-(n+1)} e^{i\gamma} + H_{n-1}^{(1)}(k_S|\omega|)\left(\frac{\omega}{|\omega|}\right)^{-(n-1)} e^{-i\gamma}$$

$$
\begin{aligned}
Y = & -\mathrm{i}w_0(\mathrm{e}^{\mathrm{i}(\gamma-\alpha)}+\mathrm{e}^{-\mathrm{i}(\gamma-\alpha)})\exp\left\{\frac{\mathrm{i}k_\mathrm{S}}{2}[z\mathrm{e}^{-\mathrm{i}\alpha}+\bar{z}\mathrm{e}^{\mathrm{i}\alpha}]\right\} \\
& -\mathrm{i}w_0(\mathrm{e}^{\mathrm{i}(\gamma+\alpha)}+\mathrm{e}^{-\mathrm{i}(\gamma+\alpha)})\exp\left\{\frac{\mathrm{i}k_\mathrm{S}}{2}[z\mathrm{e}^{\mathrm{i}\alpha}+\bar{z}\mathrm{e}^{-\mathrm{i}\alpha}]\right\}
\end{aligned}
$$

具体求解方程（2.18）时需要在方程两边同时乘以 $\mathrm{e}^{-\mathrm{i}m\theta}(m=0,\pm1,\pm2,\cdots)$，然后对 θ 在区间 $[0,2\pi]$ 上求积分，得到关于待定复系数 A_n^k 理论解的无穷阶线性方程组：

$$
\sum_{n=0}^{\infty}K_{nm}A_n=Y_m \tag{2.19}
$$

式中

$$
K_{nm}=\int_0^{2\pi}K_n\,\mathrm{e}^{-\mathrm{i}m\theta}\,\mathrm{d}\theta,\quad Y_m=\int_0^{2\pi}Y\,\mathrm{e}^{-\mathrm{i}m\theta}\,\mathrm{d}\theta
$$

2.2.5 隔振性能分析

1. 有效性验证

目前关于半空间中矩形空沟对平面 SH 波的散射理论解答未见报道。将保角变换函数的形式取为 $z=\omega(\zeta)=a\cdot\zeta$，将 z 平面中的半圆形空沟在使用虚源法后的圆形边界保角变换为 ζ 平面上单位圆，如图 2.5 所示。

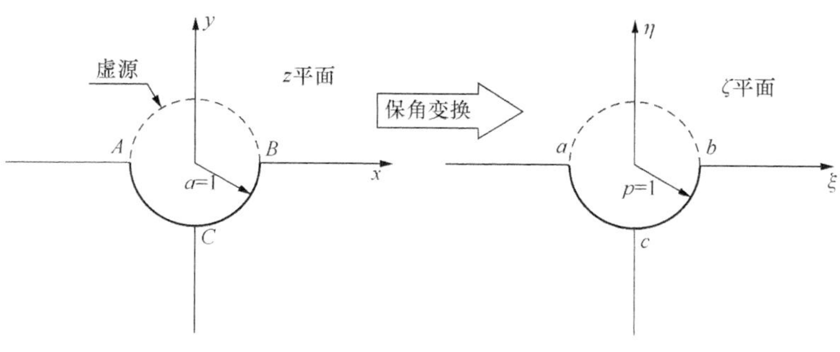

图 2.5　单个半圆形空沟保角变换前后对比

为了计算方便，首先对参数进行无量纲化处理，由于空沟宽度对隔振影响较小，因此将参数归一化到空沟宽度。无量纲化入射波频率为

$$
\eta_\mathrm{S}=\frac{k_\mathrm{S}a}{\pi}=\frac{2a}{\lambda_\mathrm{S}} \tag{2.20}
$$

式中，λ_S 为入射 SH 波波长，显然量纲归一化后的频率取决于空沟宽度与波长的比值。另外，归一化空沟深度为 b/a。

取入射波频率 $\eta_S = 0.75$，入射角 $\alpha = 0°$，贝塞尔（Bessel）级数展开项截至为 $n = 6$，通过计算地表位移幅值，并与经典的数值结果[4]进行对比（图 2.6），发现两者的计算结果吻合较好，从而验证了本书方法的正确性。

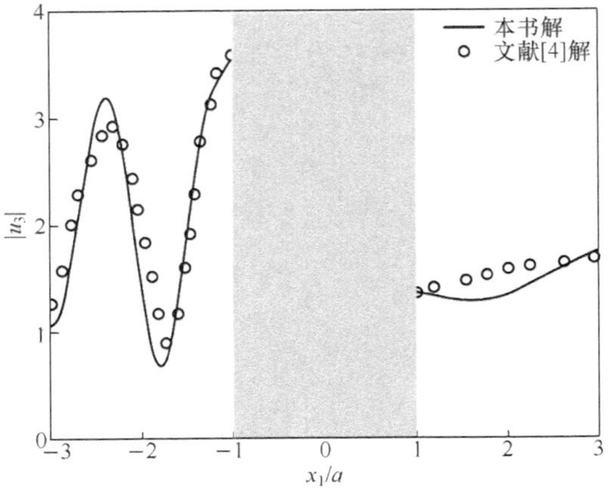

图 2.6　单个半圆形空沟对平面 SH 波的散射

为了更加有效地评价空沟对平面 SH 波的隔振效果，引入了振幅衰减比 A_R：

$$A_R = \left|\frac{u_3}{u_3^0}\right| \tag{2.21}$$

式中，u_3 为设置屏障后土体内某点由自由场和散射场产生的总位移；u_3^0 为未设置屏障时由自由场产生的位移。A_R 值小于 1 时说明有隔振效果，且 A_R 值越小说明隔振效果越好。

2. 入射波频率对隔振效果的影响

假定入射波垂直于空沟屏障入射，即取入射角 $\alpha = 0°$，取空沟深度 $b / a = 4$，以区域 $(-100 \leqslant x_1/a \leqslant 100, -20 \leqslant x_2/a \leqslant 0)$ 为研究对象，图 2.7 给出了该区域内不同入射波频率 η_S 下的位移 $|u_3 / a|$ 云图。从图 2.7 中可以看出，靠近空沟边缘位置处位移幅值有放大现象，空沟后侧有隔振区域出现，随着入射波频率的增加，这种现象越明显。这是因为入射波遇到空沟边界时会发生散射，阻碍了平面波的进一步传播，使空沟边缘附近的位移幅值增大，而空沟后侧相应地出现了隔振区域。频率越高，波长越短，平面波遇到空沟边界时就越容易发生散射。

为了说明入射波频率对隔振效果的影响，图 2.8 绘制了空沟后侧地表边界处不同频率对应 A_R 随 x_1/a 变化曲线。从图 2.8 中明显可以看出，靠近空沟后侧边缘附近处 A_R 大于 1，说明此处的位移幅值被放大了，但之后随着 x_1/a 的增大，A_R 值迅速减小到最小值，而后呈缓慢上升趋势。进一步可以发现，A_R 值随着频率的增大而明显减小，说明隔振效果越好。

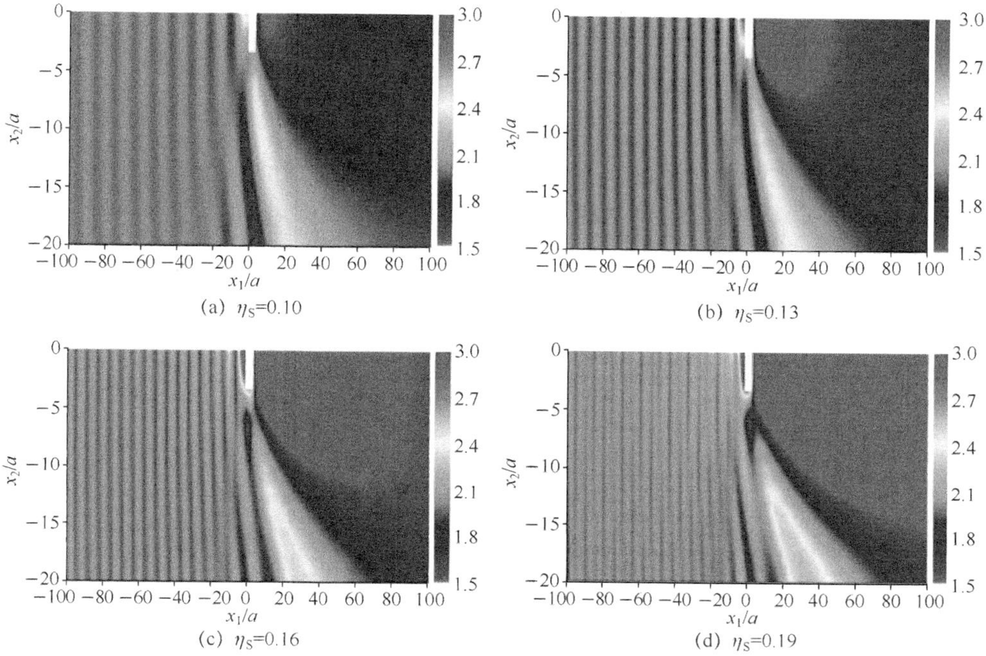

(a) η_S=0.10　(b) η_S=0.13　(c) η_S=0.16　(d) η_S=0.19

图 2.7　平面 SH 波入射单空沟时不同入射波频率下的位移云图

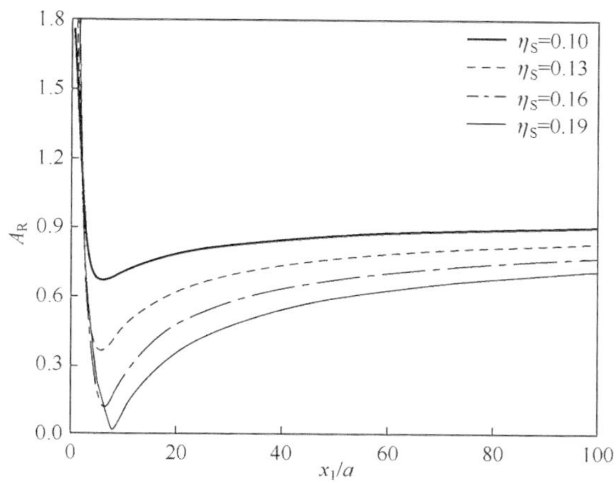

图 2.8　平面 SH 波入射下单空沟后侧地表边界处不同频率对应 A_R 值随 x_1/a 变化曲线

3. 空沟深度对隔振效果的影响

为了分析空沟深度对隔振效果的影响，取入射角 α=0°，入射波频率 $\eta_S = 0.19$，图 2.9 给出了区域 $(-100 \leqslant x_1/a \leqslant 100, -20 \leqslant x_2/a \leqslant 0)$ 内不同空沟深度所对应的位移 $|u_3/a|$ 云图。从图 2.9 中可以看出，随着空沟深度的增加，靠近空沟屏障边缘位置的位移幅值放大现象越明显，隔振区域面积逐渐增大。空沟深度对隔振效果

影响的物理意义更加明确，因为理论上只要空沟深度足够大，空沟就能完全阻断任何形式弹性波的传播。

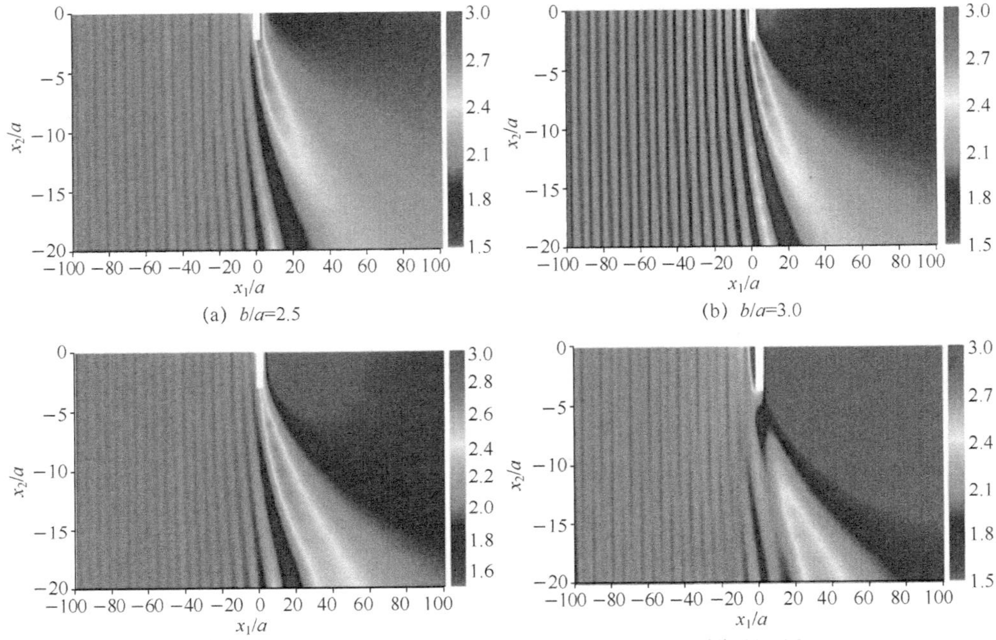

(a) b/a=2.5　　(b) b/a=3.0

(c) b/a=3.5　　(d) b/a=4.0

图 2.9　平面 SH 波入射单空沟时不同空沟深度下的位移云图

为了进一步分析空沟深度对隔振效果影响，图 2.10 绘制了不同空沟深度所对应 A_R 随 x_1/a 的变化曲线。从图 2.10 可以看出，随着空沟深度的增加，A_R 逐渐减小，进一步说明随着空沟深度的增大，隔振效果也越好。

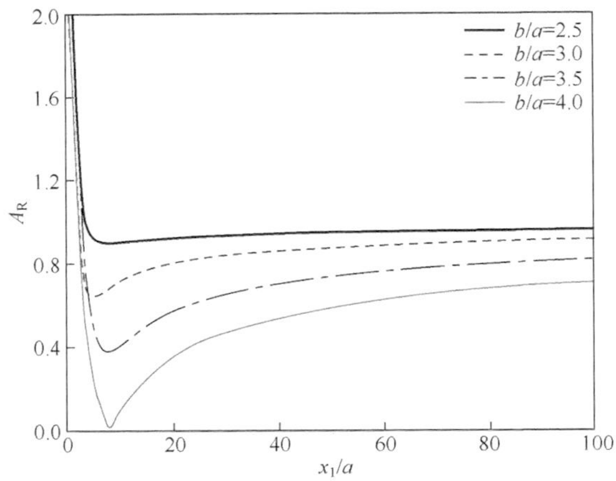

图 2.10　平面 SH 波入射下单空沟后侧不同空沟深度对应 A_R 值随 x_1/a 变化曲线

2.3 平面 P 波入射

弹性半空间中，平面 P 波在自由表面处反射时存在波形转换导致边界条件耦合，此时问题比平面 SH 波入射时要复杂得多。采用经典的波函数展开法难以构造出预先满足地表边界零应力边界条件的波函数，使与平面 P 波散射的有关问题难以获得封闭的理论解答。Cao 等[5]采用“大圆弧假定”，即用一个很大的圆弧面代替水平面，可得到问题的近似解答。本节在上述研究的基础上，根据弹性介质中平面 P-SV 波的传播特性，在复数域上建立波动控制方程和应力自由边界条件，引入保角变换函数将矩形空沟边界变换为单位圆，并借助多极坐标变换技术给出了多空沟对平面 P 波隔振的理论解析解答。

2.3.1 基本方程

在平面应变问题中，由 P 波引起的位移场可用两个标量势函数 φ 和 ψ 表示为

$$\varphi(x_1,x_2,t)=\varphi(x_1,x_2)\,\mathrm{e}^{-\mathrm{i}\omega t} \tag{2.22}$$

$$\psi(x_1,x_2,t)=\psi(x_1,x_2)\,\mathrm{e}^{-\mathrm{i}\omega t} \tag{2.23}$$

则有

$$u_1=\frac{\partial\varphi}{\partial x_1}+\frac{\partial\psi}{\partial x_2} \tag{2.24}$$

$$u_2=\frac{\partial\varphi}{\partial x_1}-\frac{\partial\psi}{\partial x_2} \tag{2.25}$$

式中，$\mathrm{e}^{-\mathrm{i}\omega t}$ 为时间因子；$\mathrm{i}=\sqrt{-1}$ 为虚数单位；u_1 和 u_2 分别为 x_1 方向和 x_2 方向的位移。

标量势函数 φ 和 ψ 分别满足如下波动方程：

$$\nabla^2\varphi=\frac{1}{v_{\mathrm{P}}^2}\frac{\partial^2\varphi}{\partial t^2} \tag{2.26}$$

$$\nabla^2\psi=\frac{1}{v_{\mathrm{S}}^2}\frac{\partial^2\psi}{\partial t^2} \tag{2.27}$$

式中，$v_{\mathrm{P}}=\sqrt{(\lambda+2\mu)/\rho}$ 为 P 波在介质中的传播速度，λ 和 μ 为 Lamé 常数；$v_{\mathrm{S}}=\sqrt{\mu/\rho}$ 为 SV 波在介质中的传播速度，ρ 为质量密度。

引入复数变量 $z=x_1+\mathrm{i}x_2$，$\overline{z}=x_1-\mathrm{i}x_2$，并略去时间因子 $\mathrm{e}^{-\mathrm{i}\omega t}$ 后，式（2.26）和式（2.27）可进一步表达为复数域上的 Helmholtz 方程：

$$\frac{\partial^2\varphi}{\partial z\partial\bar{z}}=\left(\frac{\mathrm{i}k_{\mathrm{P}}}{2}\right)^2 \tag{2.28}$$

$$\frac{\partial^2\psi}{\partial z\partial\bar{z}}=\left(\frac{\mathrm{i}k_{\mathrm{S}}}{2}\right)^2 \tag{2.29}$$

式中，$k_{\mathrm{P}}=\omega/v_{\mathrm{P}}$ 为 P 波波数；$k_{\mathrm{S}}=\omega/v_{\mathrm{S}}$ 为 SV 波波数；ω 为入射波的圆频率。为了方便，以下分析均略去时间因子 $\mathrm{e}^{-\mathrm{i}\omega t}$。

由胡克（Hooke）定律，P 波或 SV 波在半无限空间中产生的应力场表达式如下。

1）在直角坐标系 (x_1,x_2) 下

$$\sigma_{11}+\sigma_{22}=-2k_{\mathrm{P}}^2(\lambda+\mu)\varphi \tag{2.30}$$

$$\sigma_{22}+\mathrm{i}\tau_{12}=-(\lambda+\mu)k_{\mathrm{P}}^2\varphi-4\mu\frac{\partial^2(\varphi+\mathrm{i}\psi)}{\partial z^2} \tag{2.31}$$

$$\sigma_{22}-\mathrm{i}\tau_{12}=-(\lambda+\mu)k_{\mathrm{P}}^2\varphi-4\mu\frac{\partial^2(\varphi-\mathrm{i}\psi)}{\partial \bar{z}^2} \tag{2.32}$$

2）在极坐标系 (r,θ) 下

$$\sigma_r+\sigma_\theta=-2k_{\mathrm{P}}^2(\lambda+\mu)\varphi \tag{2.33}$$

$$\sigma_r-\mathrm{i}\tau_{r\theta}=-(\lambda+\mu)k_{\mathrm{P}}^2\varphi+4\mu\frac{\partial^2(\varphi+\mathrm{i}\psi)}{\partial z^2}\mathrm{e}^{2\mathrm{i}\gamma} \tag{2.34}$$

$$\sigma_r+\mathrm{i}\tau_{r\theta}=-(\lambda+\mu)k_{\mathrm{P}}^2\varphi+4\mu\frac{\partial^2(\varphi-\mathrm{i}\psi)}{\partial z^2}\mathrm{e}^{-2\mathrm{i}\gamma} \tag{2.35}$$

联合式（2.33）、式（2.34）和式（2.35）进一步得

$$\sigma_r=-(\lambda+\mu)k_{\mathrm{P}}^2\varphi+2\mu\frac{\partial^2(\varphi+\mathrm{i}\psi)}{\partial z^2}\mathrm{e}^{2\mathrm{i}\gamma}+2\mu\frac{\partial^2(\varphi-\mathrm{i}\psi)}{\partial z^2}\mathrm{e}^{-2\mathrm{i}\gamma} \tag{2.36}$$

$$\tau_{r\theta}=2\mathrm{i}\mu\frac{\partial^2(\varphi+\mathrm{i}\psi)}{\partial z^2}\mathrm{e}^{2\mathrm{i}\gamma}-2\mathrm{i}\mu\frac{\partial^2(\varphi-\mathrm{i}\psi)}{\partial z^2}\mathrm{e}^{-2\mathrm{i}\gamma} \tag{2.37}$$

由 P 波或 SV 波引起的位移场在直角坐标系 (x_1,x_2) 下可表达为

$$u_1+\mathrm{i}u_2=2\frac{\partial}{\partial\bar{z}}(\varphi-\mathrm{i}\psi) \tag{2.38a}$$

$$u_1-\mathrm{i}u_2=2\frac{\partial}{\partial z}(\varphi+\mathrm{i}\psi) \tag{2.38b}$$

由式（2.38），P 波或 SV 波位移场可进一步表达为

$$u_1=\frac{\partial}{\partial z}(\varphi+\mathrm{i}\psi)+\frac{\partial}{\partial\bar{z}}(\varphi-\mathrm{i}\psi) \tag{2.39}$$

$$u_2 = \mathrm{i}\frac{\partial}{\partial z}(\varphi + \mathrm{i}\psi) - \mathrm{i}\frac{\partial}{\partial \overline{z}}(\varphi - \mathrm{i}\psi) \tag{2.40}$$

由 $u_r + \mathrm{i}u_\theta = (u_1 + \mathrm{i}u_2)\mathrm{e}^{-\mathrm{i}\gamma}$，位移场在极坐标系 (r,θ) 下可表达为

$$u_r = \frac{\partial(\varphi + \mathrm{i}\psi)}{\partial z}\mathrm{e}^{\mathrm{i}\gamma} + \frac{\partial(\varphi - \mathrm{i}\psi)}{\partial \overline{z}}\mathrm{e}^{-\mathrm{i}\gamma} \tag{2.41}$$

$$u_\theta = \mathrm{i}\frac{\partial(\varphi + \mathrm{i}\psi)}{\partial z}\mathrm{e}^{\mathrm{i}\gamma} - \mathrm{i}\frac{\partial(\varphi - \mathrm{i}\psi)}{\partial \overline{z}}\mathrm{e}^{-\mathrm{i}\gamma} \tag{2.42}$$

2.3.2 数学模型

假定半无限空间中的土体介质为均匀各向同性的弹性体，将空沟对平面 P 波的散射问题简化为二维平面应变问题。采用大圆弧面近似模拟地表直边界，大圆弧圆心位于局部直角坐标系 (x_{11}, x_{21})，空沟中心位于局部直角坐标系 (x_{12}, x_{22}) 处，空沟深度为 a，空沟宽度为 b，如图 2.11 所示。

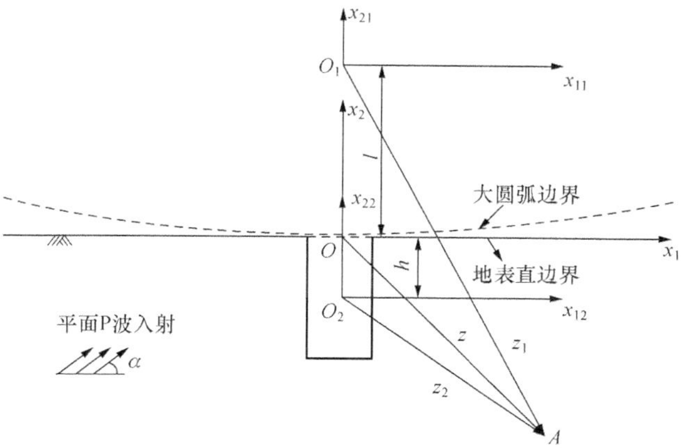

图 2.11　平面 P 波入射单空沟坐标设定

2.3.3 波场分析

对于频率为 ω 的入射 P 波，其势函数在直角坐标系 (x_1, x_2) 下可以写为

$$\varphi^{\text{in}} = \varphi_0 \exp[\mathrm{i}k_{\mathrm{P}}(x_1\cos\alpha + x_2\sin\alpha)] \tag{2.43}$$

式中，φ_0 为入射 P 波的幅值；α 为入射 P 波与水平方向的夹角。

引入复数变量 $z = x_1 + \mathrm{i}x_2$，$\overline{z} = x_1 - \mathrm{i}x_2$，由欧拉公式 $\mathrm{e}^{\pm\mathrm{i}\alpha} = \cos\alpha \pm \mathrm{i}\sin\alpha$ 可得复数坐标系 $(z, \overline{z})$ 下入射 P 波势函数：

$$\varphi^{\text{in}} = \varphi_0 \exp\left[\frac{\mathrm{i}k_{\mathrm{P}}}{2}(z\mathrm{e}^{-\mathrm{i}\alpha} + \overline{z}\mathrm{e}^{\mathrm{i}\alpha})\right] \tag{2.44}$$

当入射波遇到半无限空间地表边界时会产生反射 P 波和反射 SV 波，则反射 P 波和反射 SV 波的势函数在坐标系 $(z,\bar{z})$ 下可类似地表达为

$$\varphi^{\mathrm{re}}=\varphi_1\exp\left[\frac{\mathrm{i}k_{\mathrm{P}}}{2}(z\mathrm{e}^{\mathrm{i}\alpha}+\bar{z}\mathrm{e}^{-\mathrm{i}\alpha})\right] \tag{2.45}$$

$$\psi^{\mathrm{re}}=\psi_1\exp\left[\frac{\mathrm{i}k_{\mathrm{S}}}{2}(z\mathrm{e}^{\mathrm{i}\beta}+\bar{z}\mathrm{e}^{-\mathrm{i}\beta})\right] \tag{2.46}$$

式中

$$\varphi_1=\varphi_0\frac{\sin(2\beta)\sin(2\alpha)-(k_{\mathrm{P}}/k_{\mathrm{S}})^2\cos^2(2\beta)}{(k_{\mathrm{P}}/k_{\mathrm{S}})^2\cos^2(2\beta)+\sin(2\beta)\sin(2\alpha)} \tag{2.47}$$

$$\psi_1=\varphi_0\frac{2\sin(2\beta)\sin(2\alpha)}{(k_{\mathrm{P}}/k_{\mathrm{S}})^2\cos^2(2\beta)+\sin(2\beta)\sin(2\alpha)} \tag{2.48}$$

$$\beta=\cos^{-1}(k_{\mathrm{P}}/k_{\mathrm{S}}\cos\alpha) \tag{2.49}$$

式中，φ_1 和 ψ_1 分别为反射 P 波和反射 SV 波的波幅；α 和 β 分别为反射 P 波和反射 SV 波的反射角；$k_{\mathrm{S}}=\omega/v_{\mathrm{S}}$ 为 SV 波波数；$v_{\mathrm{S}}=\sqrt{\mu/\rho}$ 为 SV 波波速。

为了后续编程计算方便，由图 2.11 中的多极坐标变换关系 $z=z_j+d_{0j}$，$\bar{z}=\bar{z}_j+\bar{d}_{0j}$，将式（2.44）～式（2.46）在局部坐标系 $(z_j,\bar{z}_j)$ 进行表达：

$$\varphi^{\mathrm{in}}=\varphi_0\exp\left[\frac{\mathrm{i}k_{\mathrm{P}}}{2}((z_j+d_{0j})\mathrm{e}^{-\mathrm{i}\alpha}+(\bar{z}_j+\bar{d}_{0j})\mathrm{e}^{\mathrm{i}\alpha})\right] \tag{2.50}$$

$$\varphi^{\mathrm{re}}=\varphi_1\exp\left[\frac{\mathrm{i}k_{\mathrm{P}}}{2}((z_j+d_{0j})\mathrm{e}^{\mathrm{i}\alpha}+(\bar{z}_j+\bar{d}_{0j})\mathrm{e}^{-\mathrm{i}\alpha})\right] \tag{2.51}$$

$$\psi^{\mathrm{re}}=\psi_1\exp\left[\frac{\mathrm{i}k_{\mathrm{S}}}{2}((z_j+d_{0j})\mathrm{e}^{\mathrm{i}\beta}+(\bar{z}_j+\bar{d}_{0j})\mathrm{e}^{-\mathrm{i}\beta})\right] \tag{2.52}$$

式中，$j=0,1,2$。特别地，这里把 z_0、$\bar{z}_0$ 视为全局坐标 $(z,\bar{z})$ 下的复数。$d_{00}=0$，$d_{01}=\mathrm{i}l$，$d_{02}=-\mathrm{i}h$。

由于采用大圆弧近似逼近地表边界，入射波在大圆弧边界上也会产生散射波，其相应的散射波势函数满足 Helmholtz 及 Sommerfeld 辐射条件在复数坐标 $(z_1,\bar{z}_2)$ 下可分别表示为

$$\varphi_1^{\mathrm{sc}}=\sum_{n=-\infty}^{\infty}A_n^1H_n^{(1)}(k_{\mathrm{P}}|z_1|)\left(\frac{z_1}{|z_1|}\right)^n \tag{2.53a}$$

$$\psi_1^{\mathrm{sc}}=\sum_{n=-\infty}^{\infty}B_n^1H_n^{(1)}(k_{\mathrm{S}}|z_1|)\left(\frac{z_1}{|z_1|}\right)^n \tag{2.53b}$$

式中，A_n^1 和 B_n^1 为大圆弧边界产生散射场的待定型复系数。当入射波遇到空沟边界

时也会产生散射 P 波和散射 SV 波，其势函数在复数坐标 $(z_1,\overline{z}_1)$ 下可表示为

$$\varphi_2^{\mathrm{sc}}=\sum_{n=-\infty}^{\infty}A_n^2H_n^{(1)}(k_{\mathrm{P}}\,|\,z_2\,|)\left(\frac{z_2}{|\,z_2\,|}\right)^n \tag{2.54a}$$

$$\psi_2^{\mathrm{sc}}=\sum_{n=-\infty}^{\infty}B_n^2H_n^{(1)}(k_{\mathrm{S}}\,|\,z_2\,|)\left(\frac{z_2}{|\,z_2\,|}\right)^n \tag{2.54b}$$

式中，A_n^2 和 B_n^2 为空沟边界产生散射场的待定型复系数。

由多极坐标变换关系 $z-d_k=z_j-d_{jk}$，将散射场在任意局部坐标系 $(z_j,\overline{z}_j)$ 进行表达：

$$\varphi_j^{\mathrm{sc}}=\sum_{n=-\infty}^{\infty}A_n^kH_n^{(1)}(k_{\mathrm{P}}\,|\,z_j-d_{jk}\,|)\left(\frac{z_j-d_{jk}}{|\,z_j-d_{jk}\,|}\right)^n \tag{2.55a}$$

$$\psi_j^{\mathrm{sc}}=\sum_{n=-\infty}^{\infty}B_n^kH_n^{(1)}(k_{\mathrm{S}}\,|\,z_j-d_{jk}\,|)\left(\frac{z_j-d_{jk}}{|\,z_j-d_{jk}\,|}\right)^n \tag{2.55b}$$

令 $k=1,2$，$d_{12}=-(l+h)\mathrm{i}$，则观测点 A 处总的散射 P 波和散射 SV 波的势函数在局部坐标系 $(z_j,\overline{z}_j)$ 下可表示为

$$\varphi^{\mathrm{sc}}=\sum_{n=-\infty}^{\infty}\sum_{k=1}^{2}A_n^kH_n^{(1)}(k_{\mathrm{P}}\,|\,z_j-d_{jk}\,|)\left(\frac{z_j-d_{jk}}{|\,z_j-d_{jk}\,|}\right)^n \tag{2.56a}$$

$$\psi^{\mathrm{sc}}=\sum_{n=-\infty}^{\infty}\sum_{k=1}^{2}B_n^kH_n^{(1)}(k_{\mathrm{S}}\,|\,z_j-d_{jk}\,|)\left(\frac{z_j-d_{jk}}{|\,z_j-d_{jk}\,|}\right)^n \tag{2.56b}$$

2.3.4　问题求解

为了将问题中的矩形空沟边界变换为容易处理的简单边界，根据复变函数基本理论，通过保角变换将 z 平面上空沟边界对应变换为 ζ 平面上的单位圆，保角变换后的坐标系统如图 2.12 所示。

假定空沟边界处和地表边界处满足应力自由边界条件：

$$\sigma_r\Big|_{(r_j,\theta_j)}=0 \tag{2.57}$$

由边界条件（2.57）可建立关于待定复系数 A_n^k 和 B_n^k 的无穷阶线性方程组：

$$\sum_{n=-\infty}^{\infty}\sum_{k=1}^{2}\begin{bmatrix}K_{11}^{kn} & K_{12}^{kn}\\ K_{21}^{kn} & K_{22}^{kn}\end{bmatrix}\begin{pmatrix}A_n^k\\ B_n^k\end{pmatrix}=\begin{pmatrix}Y_1\\ Y_2\end{pmatrix} \tag{2.58}$$

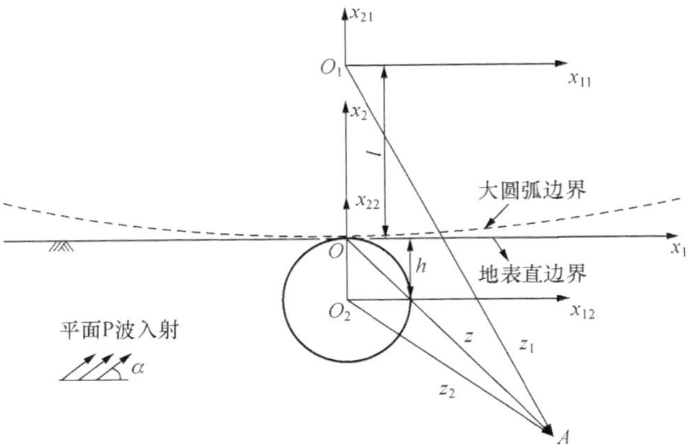

图 2.12　平面 P 波入射单空沟时保角变换后的坐标系统

将式（2.58）进一步简写为

$$\sum_{i=1}^{2}\sum_{n=-\infty}^{\infty}\sum_{k=1}^{2}\sum_{l=1}^{2}k_{il}^{kn}X_{ln}^{k}=Y_i \tag{2.59}$$

式中，$X_{1n}^k=A_n^k$，$X_{2n}^k=B_n^k$，K_{il}^{kn}和Y_i详细表达式如下：

$$\begin{aligned}K_{11}^{kn}=&-k_{\mathrm{P}}^2(\lambda^*+1)H_n^{(1)}(k_{\mathrm{P}}|\omega_j(\zeta)-d_{jk}|)\left[\frac{\omega_j(\zeta)-d_{jk}}{|\omega_j(\zeta)-d_{jk}|}\right]^n\\&+k_{\mathrm{P}}^2\frac{\zeta^2\omega_j'(\zeta)}{2\overline{\omega_j'(\zeta)}}H_{n-2}^{(1)}(k_{\mathrm{P}}|\omega_j(\zeta)-d_{jk}|)\left[\frac{\omega_j(\zeta)-d_{jk}}{|\omega_j(\zeta)-d_{jk}|}\right]^{n-2}\\&+k_{\mathrm{S}}^2\frac{\overline{\zeta}^2\overline{\omega_j'(\zeta)}}{2\omega_j'(\zeta)}H_{n+2}^{(1)}(k_{\mathrm{S}}|\omega_j(\zeta)-d_{jk}|)\left[\frac{\omega_j(\zeta)-d_{jk}}{|\omega_j(\zeta)-d_{jk}|}\right]^{n+2}\end{aligned}$$

$$\begin{aligned}K_{12}^{kn}=&\,\mathrm{i}k_{\mathrm{S}}^2\frac{\zeta^2\omega_j'(\zeta)}{2\overline{\omega_j'(\zeta)}}H_{n-2}^{(1)}(k_{\mathrm{S}}|\omega_j(\zeta)-d_{jk}|)\left[\frac{\omega_j(\zeta)-d_{jk}}{|\omega_j(\zeta)-d_{jk}|}\right]^{n-2}\\&-\mathrm{i}k_{\mathrm{S}}^2\frac{\overline{\zeta}^2\overline{\omega_j'(\zeta)}}{2\omega_j'(\zeta)}H_{n+2}^{(1)}(k_{\mathrm{S}}|\omega_j(\zeta)-d_{jk}|)\left[\frac{\omega_j(\zeta)-d_{jk}}{|\omega_j(\zeta)-d_{jk}|}\right]^{n+2}\end{aligned}$$

$$\begin{aligned}K_{21}^{kn}=&\,\mathrm{i}k_{\mathrm{P}}^2\frac{\zeta^2\omega_j'(\zeta)}{2\overline{\omega_j'(\zeta)}}H_{n-2}^{(1)}(k_{\mathrm{P}}|\omega_j(\zeta)-d_{jk}|)\left[\frac{\omega_j(\zeta)-d_{jk}}{|\omega_j(\zeta)-d_{jk}|}\right]^{n-2}\\&-\mathrm{i}k_{\mathrm{P}}^2\frac{\overline{\zeta}^2\overline{\omega_j'(\zeta)}}{2\omega_j'(\zeta)}H_{n+2}^{(1)}(k_{\mathrm{P}}|\omega_j(\zeta)-d_{jk}|)\left[\frac{\omega_j(\zeta)-d_{jk}}{|\omega_j(\zeta)-d_{jk}|}\right]^{n+2}\end{aligned}$$

$$K_{22}^{kn}=-\mathrm{i}k_{\mathrm{S}}^{2}\frac{\zeta^{2}\omega_{j}'(\zeta)}{2\overline{\omega_{j}'(\zeta)}}H_{n-2}^{(1)}(k_{\mathrm{S}}\,|\,\omega_{j}(\zeta)-d_{jk}\,|)\left[\frac{\omega_{j}(\zeta)-d_{jk}}{|\,\omega_{j}(\zeta)-d_{jk}\,|}\right]^{n-2}$$

$$-\mathrm{i}k_{\mathrm{S}}^{2}\frac{\overline{\zeta}^{2}\overline{\omega_{j}'(\zeta)}}{2\omega_{j}'(\zeta)}H_{n+2}^{(1)}(k_{\mathrm{S}}\,|\,\omega_{j}(\zeta)-d_{jk}\,|)\left[\frac{\omega_{j}(\zeta)-d_{jk}}{|\,\omega_{j}(\zeta)-d_{jk}\,|}\right]^{n+2}$$

$$Y_{1}=k_{\mathrm{P}}^{2}\left[(\lambda/\mu+1)+\frac{\zeta^{2}\omega_{j}'(\zeta)}{2\overline{\omega_{j}'(\zeta)}}\mathrm{e}^{-\mathrm{i}2\alpha}+\frac{\overline{\zeta}^{2}\overline{\omega_{j}'(\zeta)}}{2\omega_{j}'(\zeta)}\mathrm{e}^{\mathrm{i}2\alpha}\right]\varphi^{\mathrm{in}}$$

$$+k_{\mathrm{P}}^{2}\left[(\lambda/\mu+1)+\frac{\zeta^{2}\omega_{j}'(\zeta)}{2\overline{\omega_{j}'(\zeta)}}\mathrm{e}^{-\mathrm{i}2\alpha}+\frac{\overline{\zeta}^{2}\overline{\omega_{j}'(\zeta)}}{2\omega_{j}'(\zeta)}\mathrm{e}^{\mathrm{i}2\alpha}\right]\varphi^{\mathrm{re}}$$

$$+\mathrm{i}k_{\mathrm{S}}^{2}\left[\frac{\zeta^{2}\omega_{j}'(\zeta)}{2\overline{\omega_{j}'(\zeta)}}\mathrm{e}^{\mathrm{i}2\beta}-\frac{\overline{\zeta}^{2}\overline{\omega_{j}'(\zeta)}}{2\omega_{j}'(\zeta)}\mathrm{e}^{-\mathrm{i}2\beta}\right]\psi^{\mathrm{re}}$$

$$Y_{2}=\mathrm{i}k_{\mathrm{P}}^{2}\left[\frac{\zeta^{2}\omega_{j}'(\zeta)}{2\overline{\omega_{j}'(\zeta)}}\mathrm{e}^{-\mathrm{i}2\alpha}-\frac{\overline{\zeta}^{2}\overline{\omega_{j}'(\zeta)}}{2\omega_{j}'(\zeta)}\mathrm{e}^{\mathrm{i}2\alpha}\right]\varphi^{\mathrm{in}}$$

$$+\mathrm{i}k_{\mathrm{P}}^{2}\left[\frac{\zeta^{2}\omega_{j}'(\zeta)}{2\overline{\omega_{j}'(\zeta)}}\mathrm{e}^{\mathrm{i}2\alpha}-\frac{\overline{\zeta}^{2}\overline{\omega_{j}'(\zeta)}}{2\omega_{j}'(\zeta)}\mathrm{e}^{-\mathrm{i}2\alpha}\right]\varphi^{\mathrm{re}}$$

$$-k_{\mathrm{S}}^{2}\left[\frac{\zeta^{2}\omega_{j}'(\zeta)}{2\overline{\omega_{j}'(\zeta)}}\mathrm{e}^{\mathrm{i}2\beta}+\frac{\overline{\zeta}^{2}\overline{\omega_{j}'(\zeta)}}{2\omega_{j}'(\zeta)}\mathrm{e}^{-\mathrm{i}2\beta}\right]\psi^{\mathrm{re}}$$

具体求解方程（2.59）时，需给方程两边同时乘以 $\mathrm{e}^{-\mathrm{i}m\theta_j}$ $(m=0,\pm1,\pm2,\cdots)$，并对方程两边关于变量 θ_j 在区间 $[0,2\pi]$ 上求积分，经过整理，最终得到关于待定复系数 A_n^k 和 B_n^k 的理论解的无穷阶线性方程组：

$$\sum_{i=1}^{2}\sum_{n=-\infty}^{\infty}\sum_{k=1}^{2}\sum_{l=1}^{2}K_{il}^{knm}X_{ln}^{k}=Y_{i}^{m} \tag{2.60}$$

式中

$$K_{il}^{knm}=\int_{0}^{2\pi}K_{il}^{kn}\mathrm{e}^{-\mathrm{i}m\theta_j}\mathrm{d}\theta_j\,,\quad Y_{i}^{m}=\int_{0}^{2\pi}Y_{i}\mathrm{e}^{-\mathrm{i}m\theta_j}\mathrm{d}\theta_j$$

至此，散射场中的未知系数可得到理论解答。

2.3.5　隔振性能分析

首先将参数进行归一化处理，将沟宽设为恒定值 $a=1\mathrm{m}$，将其他参数归一化到空沟宽度，归一化后的入射波频率为

$$\eta_{\mathrm{S}}=\frac{k_{\mathrm{S}}a}{\pi}=\frac{2a}{\lambda_{\mathrm{S}}} \tag{2.61}$$

式中，λ_S 为入射 SH 波波长，显然量纲归一化后的频率取决于空沟宽度与波长的比值。

1. 有效性验证

半空间中矩形空沟对平面 P 波散射的理论解答未见报道。引入应力残差 $|\sigma - \mathrm{i}\tau_{r\theta}|$ 来考察精度。取入射角 $\alpha = 5°$，Bessel 函数展开项为 $n = 6$，入射波频率 $\eta_P = 0.19$，空沟深度 $b/a = 4.0$，大圆弧半径 $l = 10^4 a$，通过计算空沟周边的应力残差，如图 2.13 所示，应力残差值能达到 10^{-4} 水平，说明计算精度比较可靠。

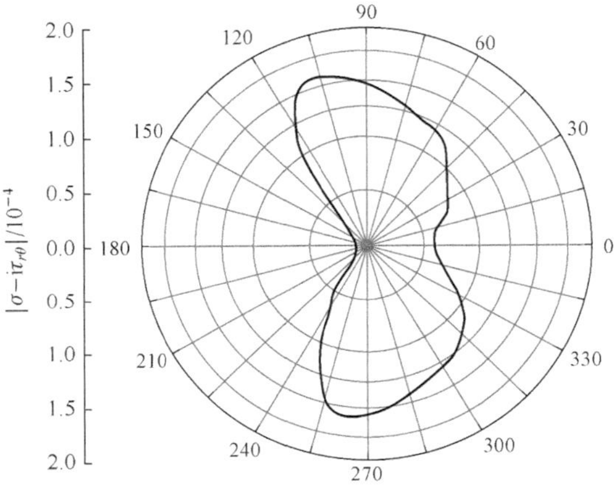

图 2.13　平面 P 波入射下单空沟周边应力残差

2. 入射波频率对隔振效果的影响

当入射角 $\alpha = 0°$ 时，入射波为掠入射，此时反射 P 波的位移与入射 P 波位移相反，于叠加之后恒为零，这显然没有意义[6]。因此本书取入射角 $\alpha = 5°$ 时，认为 P 波垂直空沟屏障入射。取空沟深度 $b/a = 4.0$，以区域 $(-100 \leqslant x_1/a \leqslant 100, -20 \leqslant x_2/a \leqslant 0)$ 为研究对象，图 2.14 绘制出了该区域内不同入射波频率 η_P 所对应的位移 $|u_2/a|$ 云图。从图 2.14 中可以看出，由平面 P 波引起的土体位移幅值随着入射波频率的增大而增大。对比空沟前后的土体位移幅值变化情况发现，频率较高时，空沟能发挥出更优的隔振效果。

为了评价空沟屏障对不同入射波频率的隔振效果，图 2.15 绘制出了单空沟屏障后侧地表边界处振幅衰减系数 A_R 随 x_1/a 变化曲线。从图 2.15 中可以看出，在靠近空沟屏障附近区域内 A_R 值大于 1，说明空沟屏障附近区域对平面 P 波有一定的放大作用，但随着 x_1/a 的增大，A_R 快速减小，并当 x_1/a 接近 15 时达到最小，而后随着 x_1/a 的增大，A_R 逐渐增大，并且随着入射波频率的增大，这种现象越显著，A_R 值越小，隔振效果越好。

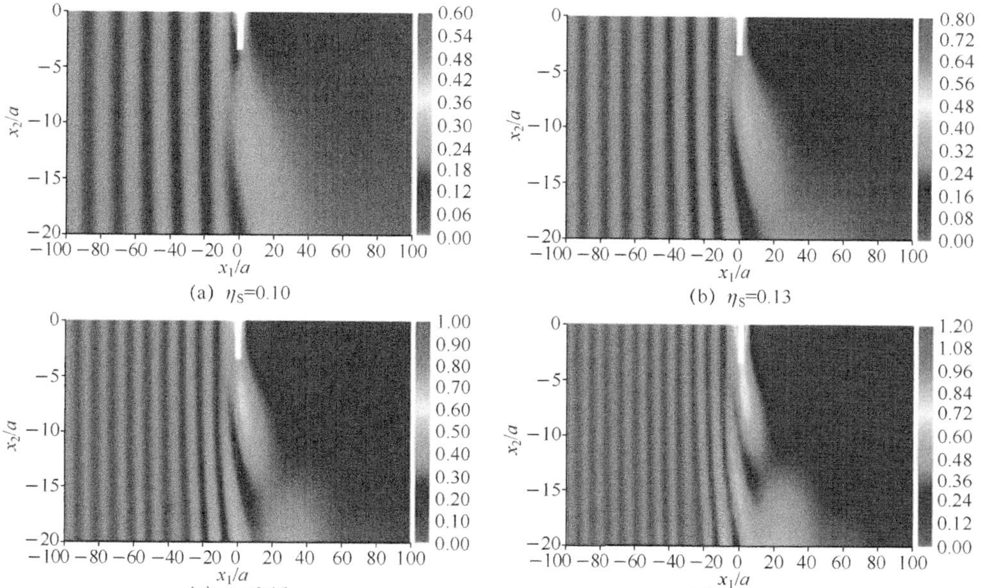

(a) η_S=0.10　(b) η_S=0.13　(c) η_S=0.16　(d) η_S=0.19

图 2.14　平面 P 波入射单空沟时不同入射波频率下的位移云图

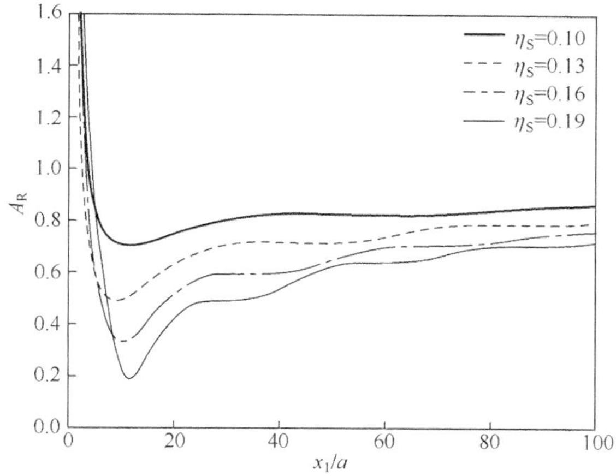

图 2.15　平面 P 波入射下单空沟后侧不同频率对应 A_R 值随 x_1/a 变化曲线

3. 空沟深度对隔振效果的影响

为了分析空沟深度对隔振效果的影响，取入射角 $\alpha=5°$，入射波频率 $\eta_P=0.19$，图 2.16 绘制了区域 $(-100\leqslant x_1/a\leqslant 100, -20\leqslant x_2/a\leqslant 0)$ 内在不同空沟深度 b/a 下的位移云图。从图 2.16 中可以看出，随着空沟深度的 b/a 增大，隔振区域面积逐渐增大，隔振区域内的位移幅值逐渐减小。

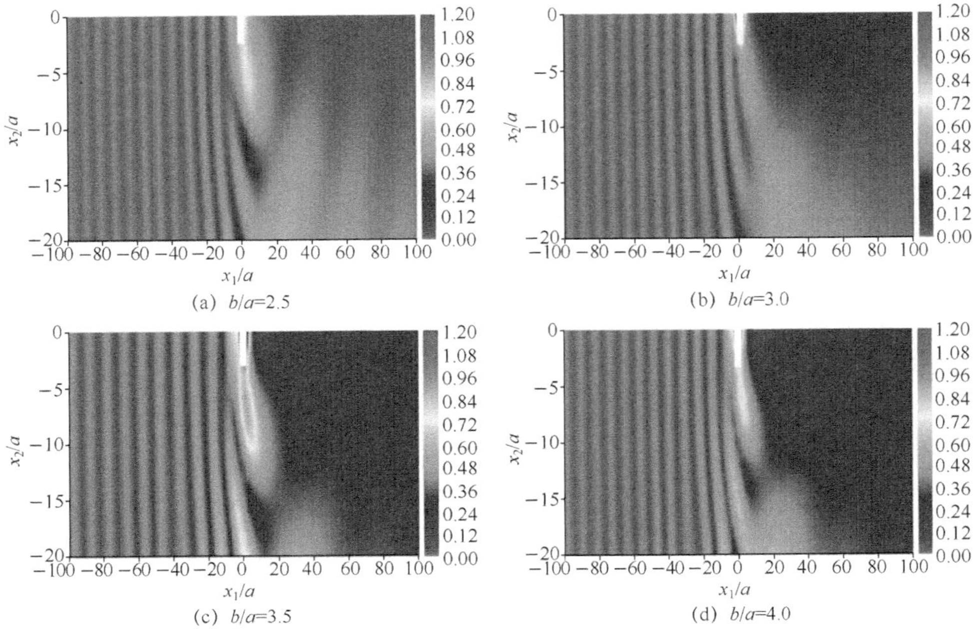

图 2.16　平面 P 波入射单空沟时不同空沟深度下的位移云图

为了评价空沟深度对隔振效果影响，绘制了不同深度下空沟屏障后侧地表边界上 A_R 值随 x_1/a 变化曲线，如图 2.17 所示。随着空沟深度的增加，A_R 值逐渐减小，即随着深度的增加，隔振效果越好。

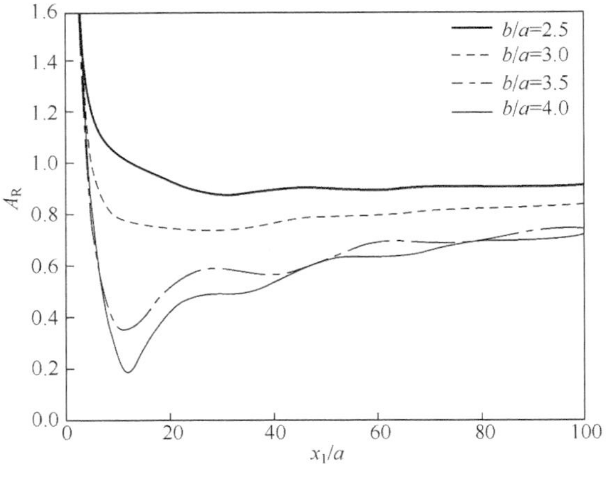

图 2.17　平面 P 波入射下单空沟后侧不同深度下 A_R 值随 x_1/a 变化曲线

2.4　Rayleigh 波入射

Rayleigh 波作为一种面波，被认为是掠入射的 P 波和 SV 波耦合而成的。因此，采用经典的波函数展开法同样难以构造出预先满足自由边界零应力边界条件的波函数，可以通过借鉴 P 波和 SV 波的研究结果研究 Rayleigh 波入射下的解析解。在环境振动中，Rayleigh 波占比达 67%，研究空沟对 Rayleigh 波的隔振规律具有实际工程意义。本节采用对 P 波入射时的理论研究方法，给出了空沟对 Rayleigh 波的隔振理论解答。

2.4.1　基本方程

Rayleigh 波是由 P 波和 SV 在半空间表面耦合叠加而产生的，常用一组平面 P 波和 SV 波来表示。基本方程同上节平面 P 波入射时的基本方程，见式(2.22)～式(2.42)。

2.4.2　数学模型

考虑均匀的各向同性弹性半空间，将空沟对 Rayleigh 波的散射问题简化为二维平面应变问题。采用大圆弧面近似模拟地表直边界，大圆弧圆心位于局部直角坐标系 (x_{11}, x_{21}) 处，空沟中心位于局部直角坐标系 (x_{12}, x_{22}) 处，空沟深度为 a，空沟宽度为 b，所建数学模型如图 2.18 所示。

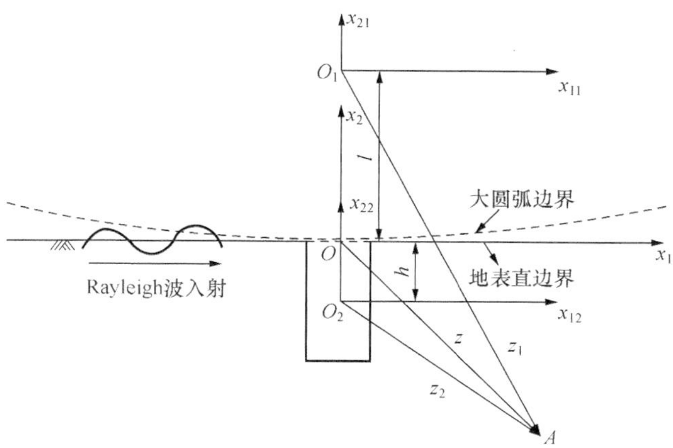

图 2.18　Rayleigh 波入射单空沟数学模型

2.4.3　波场分析

在半无限空间中，Rayleigh 波沿自由表面进行传播，其入射频率为 ω。略去

时间因子 $e^{-i\omega t}$ 后，Rayleigh 波自由波场中的 P 波势函数和 SV 波势函数可分别表示为

$$\varphi^{\text{in}} = A\exp\left(\mathrm{i}k_{\text{R}}x_1 + \sqrt{k_{\text{R}}^2 - k_{\text{P}}^2}x_2\right) \tag{2.62}$$

$$\psi^{\text{in}} = B\exp\left(\mathrm{i}k_{\text{R}}x_1 + \sqrt{k_{\text{R}}^2 - k_{\text{S}}^2}x_2\right) \tag{2.63}$$

式中，A、B 分别为 Rayleigh 波的自由波场中 P 波势函数和 SV 波势函数的幅值；k_{R}、k_{P} 和 k_{S} 分别为 Rayleigh 波波数、P 波波数和 SV 波波数。还需要指出，Rayleigh 波自由波场可以自动满足半空间水平表面的应力自由边界条件，所以在弹性半空间半平面处没有反射波。

由复数坐标关系 $z = x_1 + \mathrm{i}x_2$，$\bar{z} = x_1 - \mathrm{i}x_2$，并令 $k_{\text{RP1}} = \left(k_{\text{R}} - \sqrt{k_{\text{R}}^2 - k_{\text{P}}^2}\right)$，$k_{\text{RP2}} = \left(k_{\text{R}} + \sqrt{k_{\text{R}}^2 - k_{\text{P}}^2}\right)$，$k_{\text{RS1}} = \left(k_{\text{R}} - \sqrt{k_{\text{R}}^2 - k_{\text{S}}^2}\right)$ 和 $k_{\text{RS2}} = \left(k_{\text{R}} + \sqrt{k_{\text{R}}^2 - k_{\text{S}}^2}\right)$，则入射波的位移势函数在对应复数坐标系 $(z,\bar{z})$ 下表达为

$$\varphi^{\text{in}} = A\exp\left\{\frac{\mathrm{i}}{2}\left[k_{\text{RP1}}z + k_{\text{RP2}}\bar{z}\right]\right\} \tag{2.64}$$

$$\psi^{\text{in}} = B\exp\left\{\frac{\mathrm{i}}{2}\left[k_{\text{RS1}}z + k_{\text{RS2}}\bar{z}\right]\right\} \tag{2.65}$$

式中

$$B = \frac{2k_{\text{R}}^2 - k_{\text{S}}^2}{2\mathrm{i}k_{\text{R}}\sqrt{k_{\text{R}}^2 - k_{\text{S}}^2}}A$$

由图 2.18 中的多极坐标变换关系 $z = z_j + d_{0j}$，$\bar{z} = \bar{z}_j + \bar{d}_{0j}$，则式（2.64）和式（2.65）在局部坐标系 $(z_j,\bar{z}_j)$ 可进一步表达为

$$\varphi^{\text{in}} = A\exp\left\{\frac{\mathrm{i}}{2}\left[k_{\text{RP1}}(z_j + d_{0j}) + k_{\text{RP2}}(\bar{z}_j + \bar{d}_{0j})\right]\right\} \tag{2.66}$$

$$\psi^{\text{in}} = B\exp\left\{\frac{\mathrm{i}}{2}\left[k_{\text{RS1}}(z_j + d_{0j}) + k_{\text{RS2}}(\bar{z}_j + \bar{d}_{0j})\right]\right\} \tag{2.67}$$

入射 Rayleigh 波在空沟边界及大圆弧边界处会产生散射波，散射波势函数用散射 P 波和散射 SV 波势函数进行表示。

2.4.4 问题求解

根据复变函数基本理论，通过保角变换将 z 平面上空沟边界对应变换为 ζ 平面上的单位圆，保角变换后的坐标系统如图 2.19 所示。

假定空沟边界处和地表边界处满足应力自由边界条件：

$$\sigma_r\big|_{(r_j,\theta_j)} = 0 \tag{2.68}$$

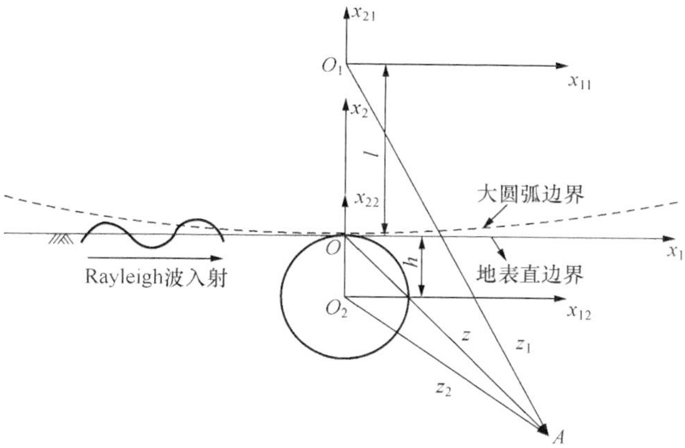

图 2.19　Rayleigh 波入射单空沟时保角变换后的坐标系统

由边界条件可建立起关于待定复系数 A_n^k 和 B_n^k 的无穷阶线性方程组，方程组形式同式(2.59)，只是方程组中元素 Y_i 略有不同。方程组的求解方法同方程(2.59)的求解方法。

$$\begin{cases} Y_1 = (\lambda / \mu + 1)k_{\mathrm{P}}^2\varphi^{\mathrm{in}} + \left[\dfrac{k_{\mathrm{RP1}}^2}{2}\varphi^{\mathrm{in}} + \mathrm{i}\dfrac{k_{\mathrm{RS1}}^2}{2}\psi^{\mathrm{in}}\right]\mathrm{e}^{2\mathrm{i}\gamma} + \left[\dfrac{k_{\mathrm{RP2}}^2}{2}\varphi^{\mathrm{in}} - \mathrm{i}\dfrac{k_{\mathrm{RS2}}^2}{2}\psi^{\mathrm{in}}\right]\mathrm{e}^{-2\mathrm{i}\gamma} \\ Y_2 = \mathrm{i}\left[\dfrac{k_{\mathrm{RP1}}^2}{2}\varphi^{\mathrm{in}} + \mathrm{i}\dfrac{k_{\mathrm{RS1}}^2}{2}\psi^{\mathrm{in}}\right]\mathrm{e}^{2\mathrm{i}\gamma} - \mathrm{i}\left[\dfrac{k_{\mathrm{RP2}}^2}{2}\varphi^{\mathrm{in}} - \mathrm{i}\dfrac{k_{\mathrm{RS2}}^2}{2}\psi^{\mathrm{in}}\right]\mathrm{e}^{-2\mathrm{i}\gamma} \end{cases}$$

2.4.5　隔振性能分析

1. 有效性验证

取矩形空沟宽度 $a = 0.1L_{\mathrm{R}}$，空沟深度 $d = 0.1L_{\mathrm{R}}$，入射波频率 $\eta_{\mathrm{R}} = 0.67$，Bessel 函数展开项截断值 $n = 10$，大圆弧半径 $l = 10^4 a$，通过计算地表面竖向位移振幅衰减系数，并与文献[6-7]进行比较，如图 2.20 所示，发现计算结果趋势基本接近。

2. 入射波频率对隔振效果的影响

为了分析入射波频率对双空沟隔振性能的影响，取空沟深度 $b / a = 4.0$，以区域 $(-15 \leqslant x_1 / a \leqslant 30, -20 \leqslant x_2 / a \leqslant 0)$ 为研究对象，图 2.21 绘制出了该区域内不同入射波频率 η_{S} 下的位移 $|u_2 / a|$ 云图。Rayleigh 波位移幅值随深度的增加而衰减，从图 2.21 中可以看出，Rayleigh 波位移幅值主要集中在地表附近，并且 Rayleigh 波位移幅值随着频率的增加也会发生衰减。因此，当频率较低时，地表附近的位移幅值响应较为剧烈。Rayleigh 波遇到空沟边界时同样会发生散射，进而减弱了 Rayleigh 波的进一步传播，在空沟后侧出现了一定范围的隔振区域。

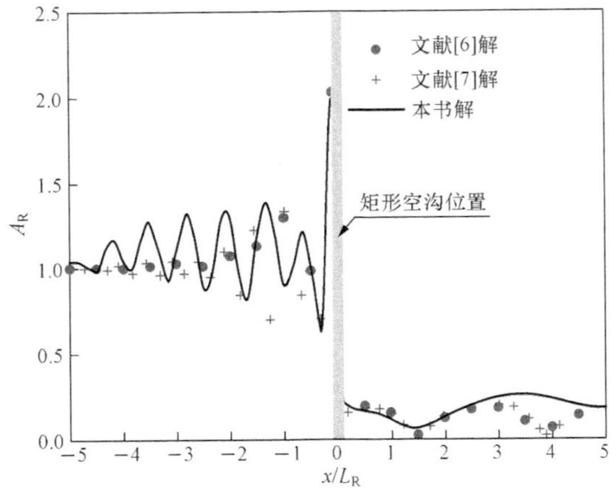

图 2.20　单个矩形空沟对 Rayleigh 波的散射

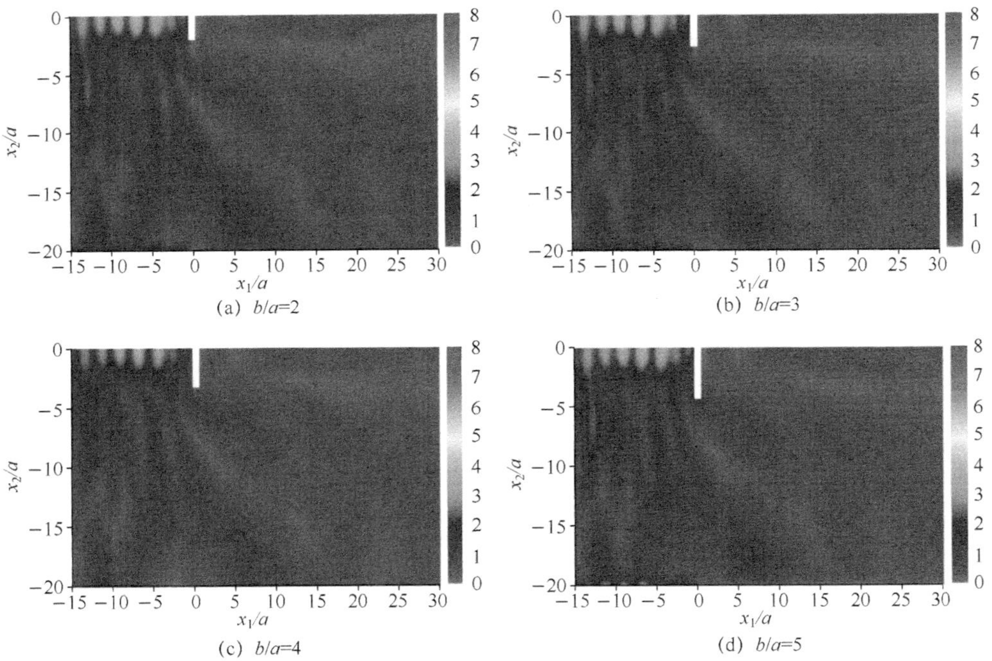

图 2.21　Rayleigh 波入射单空沟时不同入射波频率下的位移云图

为了评价频率影响空沟对 Rayleigh 波的隔振效果，图 2.22 绘制了空沟屏障后侧地表边界处振幅衰减系数 A_R 随 x_1 / a 变化曲线。当频率较高时，空沟能发挥出更好的隔振效果。

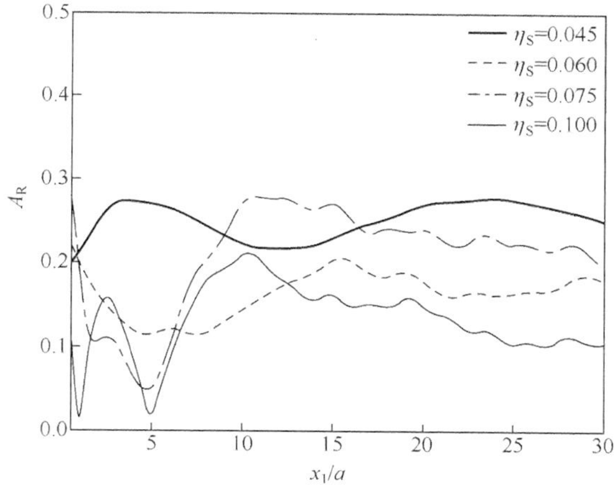

图 2.22　Rayleigh 波入射下不同频率对应 A_R 值随 x_1/a 的变化曲线

3. 空沟深度对隔振效果的影响

取入射波频率 $\eta_S = 0.100$，绘制出区域 $(-15 \leqslant x_1 / a \leqslant 30, -20 \leqslant x_2 / a \leqslant 0)$ 内在不同空沟深度 b/a 下的位移 $|u_2 / a|$ 云图，如图 2.23 所示。从图 2.23 中可以看出，靠近地表处空沟后侧的位移幅值明显小于空沟前侧的位移幅值。

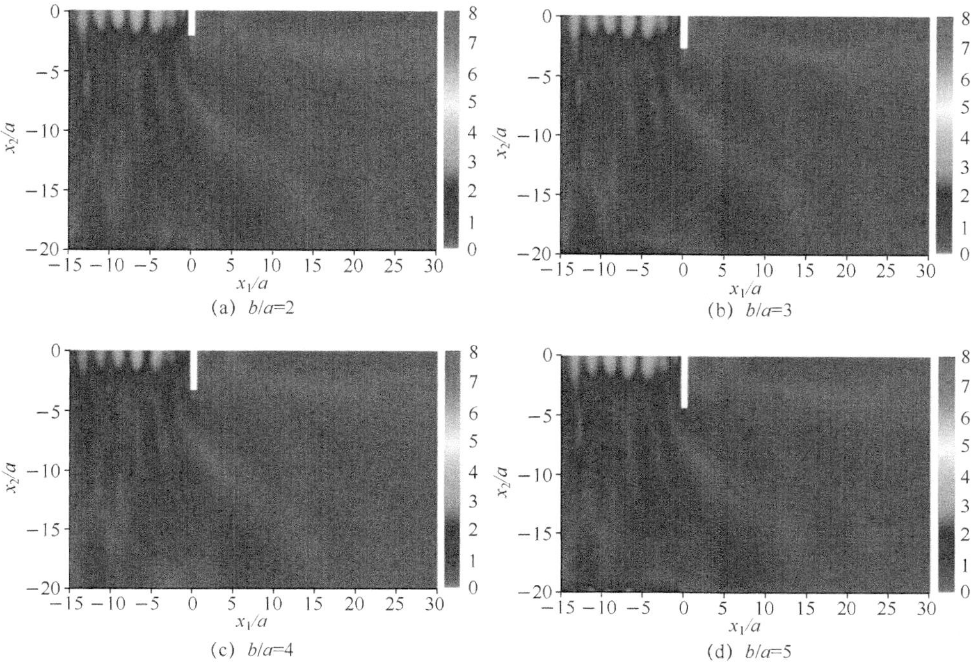

(a) b/a=2　(b) b/a=3　(c) b/a=4　(d) b/a=5

图 2.23　Rayleigh 波入射单空沟时不同空沟深度下的位移云图

为了评价深度影响空沟对 Rayleigh 波的隔振效果，图 2.24 绘制了不同深度下空沟后侧地表边界上 A_R 值随 x_1/a 变化曲线。从图 2.24 中可以看出，深度对隔振效果的影响非常明显，深度越大，隔振效果越好。

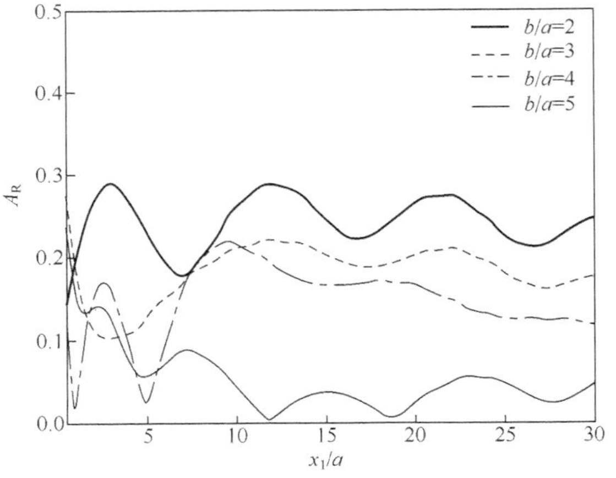

图 2.24　Rayleigh 波入射下不同空沟深度对应 A_R 值随 x_1/a 的变化曲线

参 考 文 献

[1] WOODS R D. Screening of surface waves in soils[J]. Journal of the Soil Mechanics & Foundations Division，1968，94（4）：951-979.

[2] KLEIN R，ANTES H，HOUÉDEC D L. Efficient 3D modelling of vibration isolation by open trenches[J]. Computers & Structures，1997，64（1-4）：809-817.

[3] 高广运. 非连续屏障地面隔振理论与应用[D]. 杭州：浙江大学，1998.

[4] LIU D K，HAN F. Scattering of plane SH-wave by cylindrical canyon of arbitrary shape[J]. Soil Dynamics and Earthquake Engineering，1991，10（5）：249-255.

[5] CAO H，LEE V W. Scattering and differaction of plane P waves by circular cylindrical canyons with variable depth-to-width ratio[J]. Soil Dynamics and Earthquake Engineering，1979，9（3）：141-150.

[6] AHMAD S，AL-HUSSAINI T M. Simplified design for vibration screening by open and in-filled trenches[J]. Journal of Geotechnical Engineering，1991，117（1）：67-88.

[7] YANG Y B，HUNG H H. A parametric study of wave barriers for reduction of train-induced vibrations[J]. International Journal for Numerical Methods in Engineering，1997，40（20）：3729-3747.

第 3 章　多空沟对平面弹性波的散射及隔振效果

3.1　引　　言

在各种隔振屏障中，空沟通常被认为是最有效的隔振措施，这是因为在固体与空气的分界面上，任何形式的弹性波都不能通过[1-3]。但是空沟的隔振效率主要依赖于其深度，单个沟深达到 0.6 倍 Rayleigh 波长以上时，才可获得理想的隔振效果[4-5]。在地质环境较差的地区中，由于土体稳定性及工程造价等问题，沟深设置一般较浅。此时，对于波长较长的入射波，单个浅沟很难起到有效的隔振作用。多空沟能够对弹性波的传播路径进行多次阻断，提高弹性波的散射效率，在达到相同的隔振效果时，多沟所需的深度远小于单沟所需的深度[6-7]。另外，多空沟可以作为临时隔振屏障，其施工难度小，造价低，在工程中具有很强的适用性。

3.2　平面 SH 波入射

3.2.1　数学模型

在半无限弹性体中设有 N 个宽度为 a、深度为 b 的矩形空沟。忽略空沟长度对弹性波散射的影响，将由 N 个空沟组成的多空沟对平面 SH 波散射问题视为平面应变问题。以空沟中心为坐标圆心，引入 N 个局部直角坐标系 (x_{1j}, x_{2j}) 及对应的复数坐标系 $(z_j, \overline{z}_j)$ $(1 \leqslant j \leqslant N)$，建立的数学模型如图 3.1 所示。$A$ 点为半空间

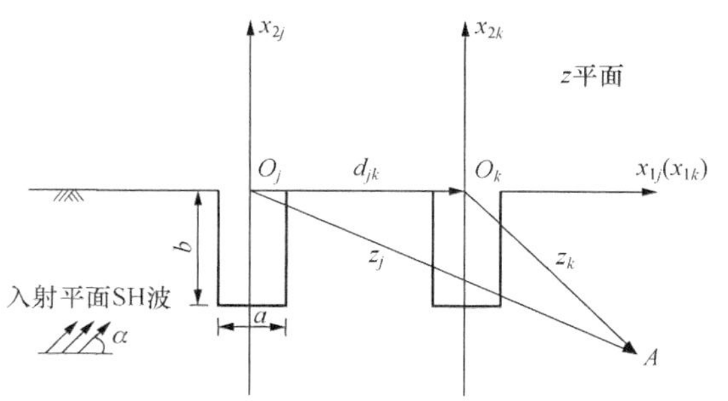

图 3.1　平面 SH 波入射下的多空沟布置及坐标设定

土体介质中的任一观测点，d_{jk} 为第 j 个空沟中心指向第 k 个空沟中心之间的复数，为了方便令 $d_{jk}=-d_{kj}$。

3.2.2 波场分析

为了后续计算方便，根据图 3.1 中的多极坐标变换关系 $z=z_j+d_j$，$\bar{z}=\bar{z}_j+d_j$，可以将入射 SH 波的位移势函数（2.10）在对应复数坐标系 $(z,\bar{z})$ 下表达式变换到复数坐标系 $(z_j,\bar{z}_j)$ 下表示为

$$u_3^{\text{in}}=W_0\exp\left\{\frac{\mathrm{i}k_{\mathrm{S}}}{2}\left[(z_j+d_j)\mathrm{e}^{-\mathrm{i}\alpha}+(\bar{z}_j+d_j)\mathrm{e}^{\mathrm{i}\alpha}\right]\right\} \tag{3.1}$$

相应的反射波位移势函数在复数坐标系 $(z_j,\bar{z}_j)$ 下可以表示为

$$u_3^{\text{re}}=W_0\exp\left\{\frac{\mathrm{i}k_{\mathrm{S}}}{2}\left[(z_j+d_j)\mathrm{e}^{\mathrm{i}\alpha}+(\bar{z}_j+d_j)\mathrm{e}^{-\mathrm{i}\alpha}\right]\right\} \tag{3.2}$$

第 k 个空沟产生的散射场可表达为

$$u_3^{\text{sc}}=\sum_{n=-\infty}^{\infty}A_n^k H_n^{(1)}(k_{\mathrm{S}}|z_k|)\left\{\left(\frac{z_k}{|z_k|}\right)^n+\left(\frac{z_k}{|z_k|}\right)^{-n}\right\} \tag{3.3}$$

式中，A_n^k 为待定复系数。

由多极坐标变换关系 $z_k=z_j-d_{jk}$ 将第 k 个空沟产生的散射波位移势函数在第 j 个局部坐标系 $(z_j,\bar{z}_j)$ 下进行表示：

$$u_{3jk}^{\text{sc}}=\sum_{n=-\infty}^{\infty}A_n^k H_n^{(1)}(k_{\mathrm{S}}|z_j-d_{jk}|)\left\{\left(\frac{z_j-d_{jk}}{|z_j-d_{jk}|}\right)^n+\left(\frac{z_j-d_{jk}}{|z_j-d_{jk}|}\right)^{-n}\right\} \tag{3.4}$$

通过叠加，任意观测点 A 处总的散射波位移势函数可以表示为

$$u_{3j}^{\text{sc}}=\sum_{n=-\infty}^{\infty}\sum_{k=1}^{N}A_n^k H_n^{(1)}(k_{\mathrm{S}}|z_j-d_{jk}|)\left\{\left(\frac{z_j-d_{jk}}{|z_j-d_{jk}|}\right)^n+\left(\frac{z_j-d_{jk}}{|z_j-d_{jk}|}\right)^{-n}\right\} \tag{3.5}$$

至此，半无限空间中的总位移场在复数坐标 $(z_j,\bar{z}_j)$ 下可表示为

$$u_{3j}=u_{3j}^{\text{in}}+u_{3j}^{\text{re}}+u_{3jk}^{\text{sc}} \tag{3.6}$$

3.2.3 问题求解

同样根据复变函数基本理论，通过保角变换将 z 平面上第 j 个空沟边界对应变换为 ζ 平面上第 j 个单位圆，变换后的坐标系统如图 3.2 所示。

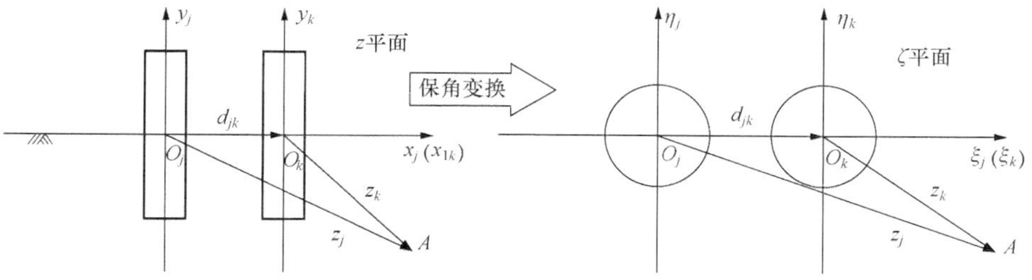

图 3.2 保角变换前后的坐标系统

将保角变换公式表示为

$$z_j=\omega_j(\zeta)=R\left(\frac{1}{\zeta}+c_1\zeta+c_3\zeta^3+c_5\zeta^5+c_7\zeta^7\right) \tag{3.7}$$

式中，系数 c_1、c_3、c_5、c_7 和 R 详见式（2.15）和式（2.16）。

任意空沟边界上均满足应力自由边界条件：

$$\tau_{r_j x_3}\Big|_{r_j=1}=0 \tag{3.8}$$

由上述边界条件可建立起关于待定复系数 A_n^k 无穷阶线性方程组：

$$\sum_{n=0}^{\infty}\sum_{k=1}^{N}K_n^k A_n^k=Y \tag{3.9}$$

式中

$$\begin{aligned}
K_n^k=&H_{n-1}^{(1)}(k_{\mathrm{S}}|\omega_j-d_{jk}|)\left(\frac{\omega_j-d_{jk}}{|\omega_j-d_{jk}|}\right)^{n-1}\mathrm{e}^{\mathrm{i}\gamma_j}-H_{n+1}^{(1)}(k_{\mathrm{S}}|\omega_j-d_{jk}|)\left(\frac{\omega_j-d_{jk}}{|\omega_j-d_{jk}|}\right)^{n+1}\mathrm{e}^{-\mathrm{i}\gamma_j}\\
&-H_{n+1}^{(1)}(k_{\mathrm{S}}\,|\,\omega_j-2H\mathrm{i}-d_{jk}\,|)\left(\frac{\omega_j-d_{jk}}{|\,\omega_j-d_{jk}\,|}\right)^{-(n+1)}\mathrm{e}^{\mathrm{i}\gamma_j}\\
&+H_{n-1}^{(1)}(k_{\mathrm{S}}\,|\,\omega_j-2H\mathrm{i}-d_{jk}\,|)\left(\frac{\omega_j-d_{jk}}{|\,\omega_j-d_{jk}\,|}\right)^{-(n-1)}\mathrm{e}^{-\mathrm{i}\gamma_j}
\end{aligned}$$

$$\begin{aligned}
Y=&-\mathrm{i}w_0\left(\mathrm{e}^{\mathrm{i}(\gamma_j-\alpha)}+\mathrm{e}^{-\mathrm{i}(\gamma_j-\alpha)}\right)\exp\left\{\frac{\mathrm{i}k_{\mathrm{S}}}{2}\left[(z_j+d_j)\mathrm{e}^{-\mathrm{i}\alpha}+\left(\overline{z}_j+\overline{d}_j\right)\mathrm{e}^{\mathrm{i}\alpha}\right]\right\}\\
&-\mathrm{i}w_0\left(\mathrm{e}^{\mathrm{i}(\gamma_j+\alpha)}+\mathrm{e}^{-\mathrm{i}(\gamma_j+\alpha)}\right)\exp\left\{\frac{\mathrm{i}k_{\mathrm{S}}}{2}\left[(z_j+d_j)\mathrm{e}^{\mathrm{i}\alpha}+\left(\overline{z}_j+\overline{d}_j\right)\mathrm{e}^{-\mathrm{i}\alpha}\right]\right\}
\end{aligned}$$

在求解方程（3.9）时需要在方程两边同时乘以 $\mathrm{e}^{-\mathrm{i}m\theta_j}\,(m=0,\pm1,\pm2,\cdots)$，然后对 θ_j 在区间 $[-\pi,\pi]$ 上求积分，得到关于待定复系数 A_n^k 理论解的无穷阶线性方程组：

$$\sum_{n=0}^{\infty}\sum_{k=1}^{N}K_{nm}^k A_n^k=Y_m \tag{3.10}$$

式中

$$K_{nm}^{k}=\int_{-\pi}^{\pi}K_{n}^{k}\,\mathrm{e}^{-\mathrm{i}m\theta_j}\,\mathrm{d}\theta_j\,,\quad Y_m=\int_{-\pi}^{\pi}Y\,\mathrm{e}^{-\mathrm{i}m\theta}\,\mathrm{d}\theta$$

3.2.4 隔振性能分析

1. 入射波频率对隔振效果的影响

取入射角 $\alpha=0°$，空沟间距 $d_{12}/a=2.8$，空沟深度 $b/a=4$，以区域 $(-100\leqslant x_1/a\leqslant 100,-20\leqslant x_2/a\leqslant 0)$ 为研究对象，图 3.3 绘制出了该区域内不同频率 η_S 平面 SH 波入射下的位移 $|u_3/a|$ 云图。从图 3.3 中可以看出，靠近空沟前侧边缘附近的区域有位移幅值放大现象，空沟后侧出现了一定范围的隔振区域，且随着入射波频率的增加，这种现象越明显。

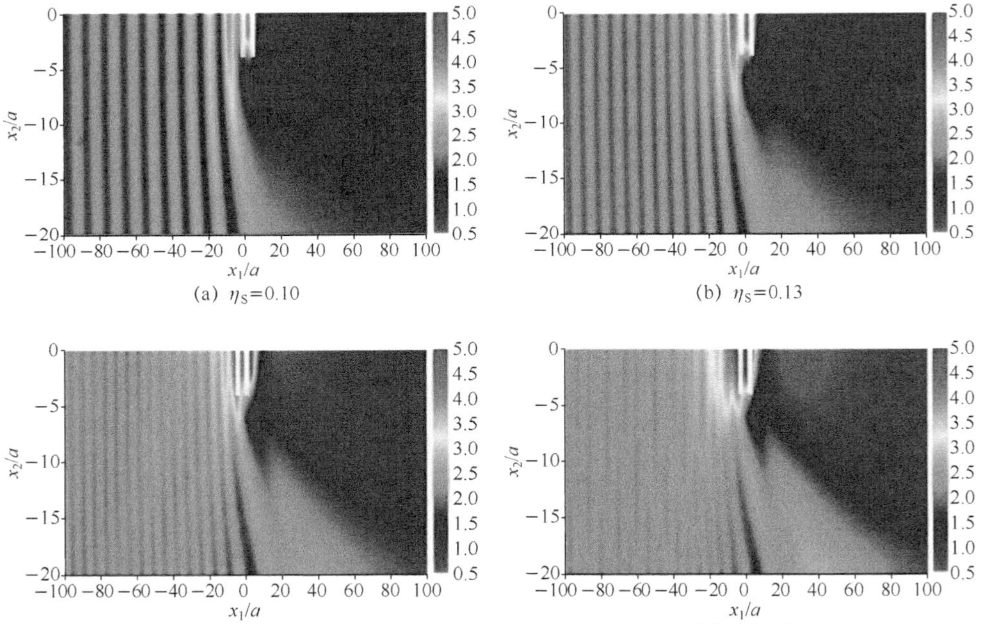

(a) η_S=0.10　(b) η_S=0.13　(c) η_S=0.16　(d) η_S=0.19

图 3.3　平面 SH 波入射双空沟时不同入射波频率下的位移云图

为了评价入射波频率对隔振效果的影响，图 3.4 绘出了不同入射波频率下空沟后侧地表边界处 A_R 随 x_1/a 的变化曲线。从图 3.4 中明显可以看出，频率越高 A_R 值越小，隔振效果越好。

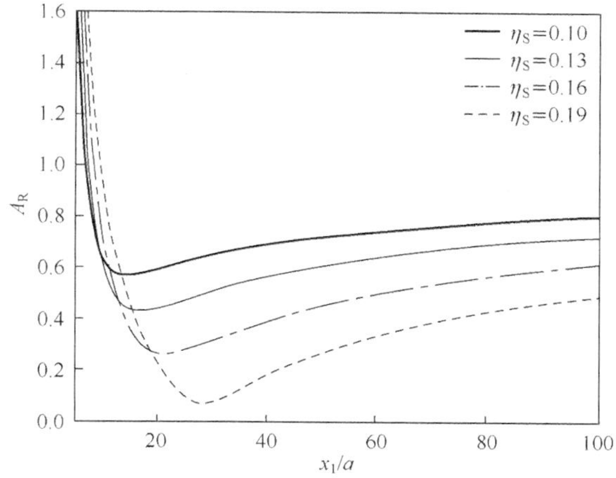

图 3.4　平面 SH 波入射下不同频率对应 A_R 值随 x_1/a 的变化曲线

2. 空沟间距对隔振效果的影响

空沟间距是分析多空沟对隔振效果影响的重要参数，取入射角 $\alpha=0°$，入射波频率 $\eta_S=0.19$，空沟深度 $b/a=4$，图 3.5 给出了区域（$-100\leqslant x_1/a\leqslant 100$，$-20\leqslant x_2/a\leqslant 0$）内不同空沟间距 d_{12}/a 下位移 $|u_3/a|$ 云图。从图中可以看出，

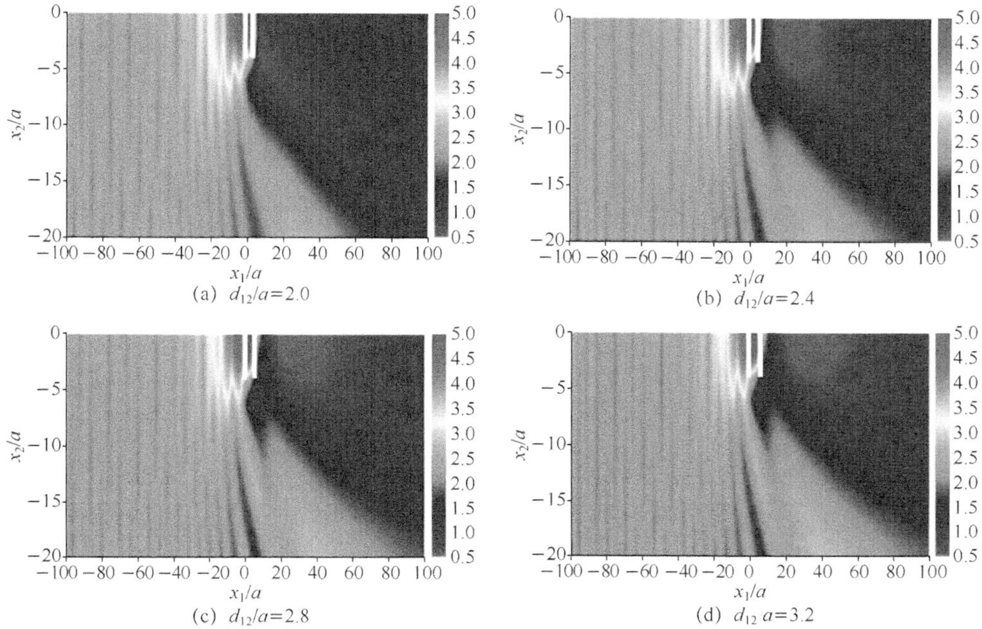

图 3.5　平面 SH 波入射双空沟时不同空沟间距下的位移云图

空沟间距对隔振区域的影响比较明显，当 d_{12}/a 从 2.0 增加到 2.8 时，隔振区域内位移幅值在不断减小，当 d_{12}/a 从 2.8 增加到 3.2 时，隔振区域内位移幅值没有明显的变化。这是因为随着空沟间距的增加，平面 SH 波更容易绕射到双空沟之间的土体中，并在双空沟之间形成驻波，从而减弱了波的进一步传播。但是当空间间距过大时，就不容易形成驻波，隔振效果反而变差。

为了评价空沟间距对空沟后侧地表振动的影响规律，图 3.6 给出了不同空沟间距下空沟屏障后侧地表边界上 A_R 随 x_1/a 的变化曲线。从图 3.6 中可以看，空沟后侧靠近空沟边缘的 A_R 值大于 1，说明靠近空沟边缘位置的位移幅值被放大，但随着 x_1/a 的增加，A_R 值快速减小，并在空沟后侧一定位置处达到最小值，之后随着 x_1/a 的增加，A_R 值有缓慢上升的趋势。从图 3.6 中同样可以看出，当 d_{12}/a 达到 2.8 并进一步增加时，隔振效果没有明显的变化。

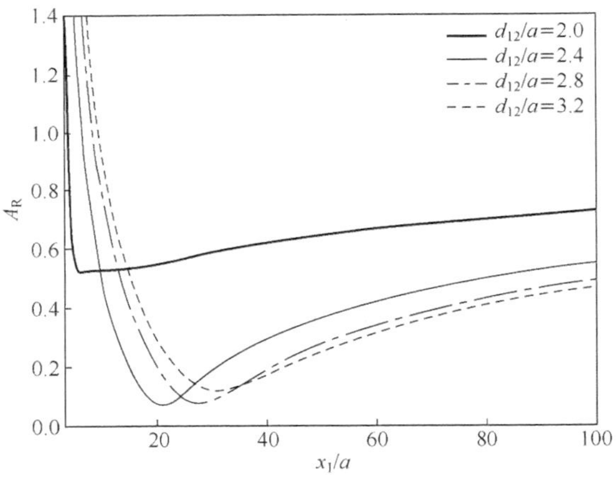

图 3.6　平面 SH 波入射双空沟时不同空沟间距对应 A_R 值随 x_1/a 变化曲线

3. 空沟深度对隔振效果的影响

为了分析双空沟深度对隔振效果的影响，取入射角 $\alpha=0°$，入射波频率 $\eta_S=0.19$，空沟间距 $d_{12}/a=2.8$，图 3.7 给出了区域（$-100\leqslant x_1/a\leqslant 100$，$-20\leqslant x_2/a\leqslant 0$）内不同空沟深度 b/a 所对应的位移 $|u_3/a|$ 云图。从图 3.7 中可以看出，随着空沟深度的增加，靠近空沟前侧边缘的位移幅值放大效应越明显，同时空沟后侧的隔振区域面积越来越大，隔振区域内位移幅值越来越小。

为了进一步分析隔振效果随空沟深度 b/a 的变化情况，图 3.8 绘制了不同空沟深度所对应 A_R 值随 x_1/a 的变化曲线。从图 3.8 中可以看出，随着空沟深度的增大，A_R 值越小，隔振效果越好。

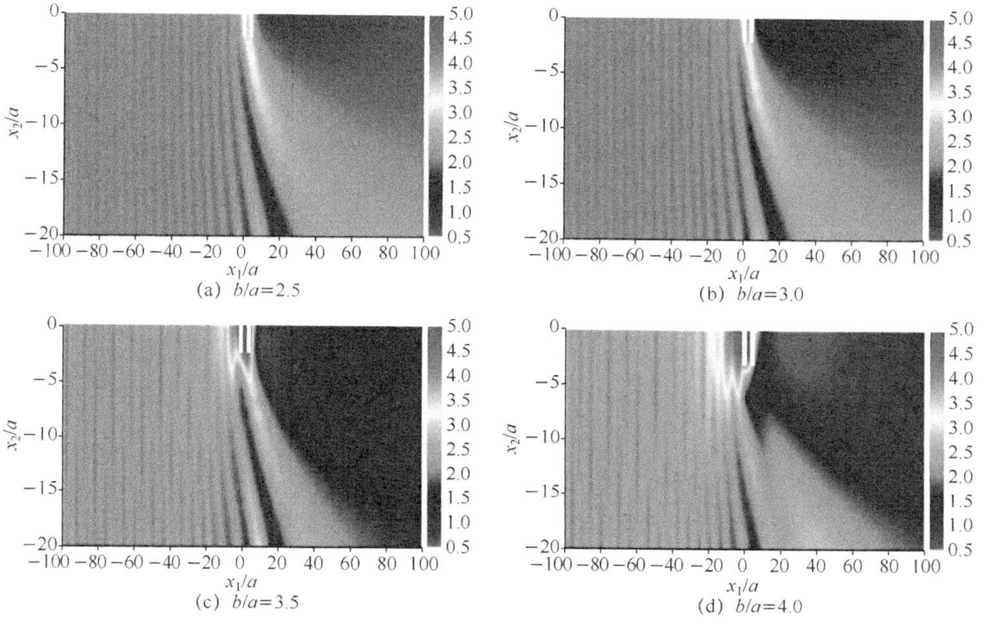

图 3.7　平面 SH 波入射双空沟时不同空沟间距下的位移云图

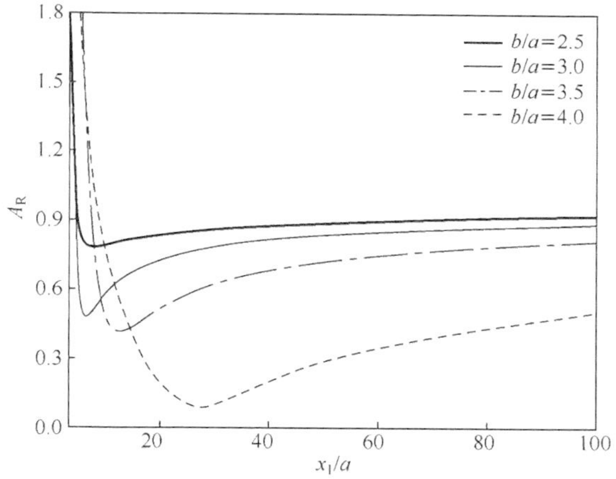

图 3.8　平面 SH 波入射下不同空沟深度对应 A_R 值随 x_1/a 变化曲线

3.3　平面 P 波入射

3.3.1　数学模型

假定半无限空间中的土体介质为均匀的各向同性弹性体，将多空沟对平面 P

波的散射问题简化为二维平面应变问题。多空沟是由多个单空沟组成，以空沟中心为坐标圆心，引入 N 个局部直角坐标系 (x_{1j},x_{2j}) 和对应的复数坐标系 $(z_j,\overline{z}_j)$；将直角坐标系 (x_1,x_2) 和相应的复数坐标系 $(z,\overline{z})$ 设定为全局坐标系，x_1 轴为地表水平边界；采用大圆弧面近似模拟地表直边界，大圆弧圆心位于直角坐标系 (x_{11},x_{21})，如图 3.9 所示。

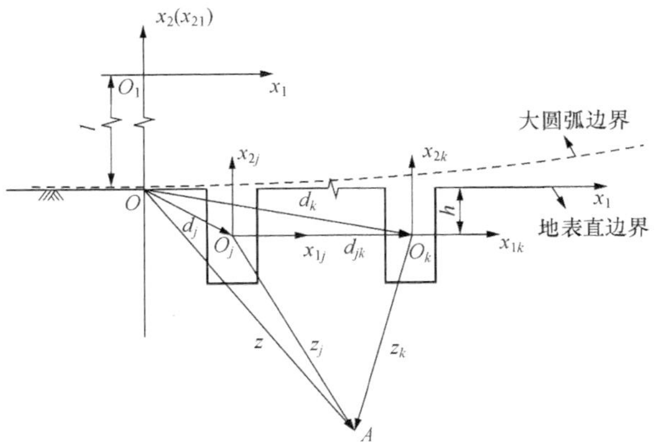

图 3.9　平面 P 波入射时多空沟布置及坐标设定

3.3.2　波场分析

为了计算方便，根据图 3.9 中多极坐标变换关系 $z=z_j+d_j$，则式（2.44）～式（2.46）在局部坐标系 $(z_j,\overline{z}_j)$ 可进一步表达为

$$\varphi^{\mathrm{in}}=\varphi_0\exp\left[\frac{\mathrm{i}k_{\mathrm{P}}}{2}((z_j+d_j)\mathrm{e}^{-\mathrm{i}\alpha}+(\overline{z}_j+\overline{d}_j)\mathrm{e}^{\mathrm{i}\alpha})\right] \tag{3.11}$$

$$\varphi^{\mathrm{re}}=\varphi_1\exp\left[\frac{\mathrm{i}k_{\mathrm{P}}}{2}((z_j+d_j)\mathrm{e}^{\mathrm{i}\alpha}+(\overline{z}_j+\overline{d}_j)\mathrm{e}^{-\mathrm{i}\alpha})\right] \tag{3.12}$$

$$\psi^{\mathrm{re}}=\psi_1\exp\left[\frac{\mathrm{i}k_{\mathrm{S}}}{2}((z_j+d_j)\mathrm{e}^{\mathrm{i}\beta}+(\overline{z}_j+\overline{d}_j)\mathrm{e}^{-\mathrm{i}\beta})\right] \tag{3.13}$$

当入射波遇到空沟边界时会产生散射 P 波和散射 SV 波，任意第 k 个空沟产生的散射场可由下式表示：

$$\varphi_k^{\mathrm{sc}}=\sum_{n=-\infty}^{\infty}A_n^k H_n^{(1)}(k_{\mathrm{P}}|z_k|)\left(\frac{z_k}{|z_k|}\right)^n \tag{3.14}$$

$$\psi_k^{\mathrm{sc}}=\sum_{n=-\infty}^{\infty}B_n^k H_n^{(1)}(k_{\mathrm{S}}|z_k|)\left(\frac{z_k}{|z_k|}\right)^n \tag{3.15}$$

特别地，当 $k=1$ 时，式（3.14）和式（3.15）代表大圆弧边界产生的散射波，当 $2\leqslant k\leqslant N+1$ 时，为空沟边界产生的散射波。

由图 3.9 中多极坐标变换关系 $z_j=z_k+d_{jk}$，式（3.14）和式（3.15）在局部坐标系 $(z_j,\overline{z}_j)$ 下可进一步表示为

$$\varphi_{jk}^{\text{sc}}=\sum_{n=-\infty}^{\infty}A_n^k H_n^{(1)}(k_{\text{P}}\,|\,z_j-d_{jk}\,|)\left(\frac{z_j-d_{jk}}{|\,z_j-d_{jk}\,|}\right)^n \tag{3.16}$$

$$\psi_{jk}^{\text{sc}}=\sum_{n=-\infty}^{\infty}B_n^k H_n^{(1)}(k_{\text{S}}\,|\,z_j-d_{jk}\,|)\left(\frac{z_j-d_{jk}}{|\,z_j-d_{jk}\,|}\right)^n \tag{3.17}$$

因此，观测点 A 处总的散射 P 波和散射 SV 波的势函数在局部坐标系 $(z_j,\overline{z}_j)$ 下可表示为

$$\varphi^{\text{sc}}=\sum_{n=-\infty}^{\infty}\sum_{k=1}^{N}A_n^k H_n^{(1)}(k_{\text{P}}\,|\,z_j-d_{jk}\,|)\left(\frac{z_j-d_{jk}}{|\,z_j-d_{jk}\,|}\right)^n \tag{3.18}$$

$$\psi^{\text{sc}}=\sum_{n=-\infty}^{\infty}\sum_{k=1}^{N}B_n^k H_n^{(1)}(k_{\text{S}}\,|\,z_j-d_{jk}\,|)\left(\frac{z_j-d_{jk}}{|\,z_j-d_{jk}\,|}\right)^n \tag{3.19}$$

3.3.3　问题求解

利用虚源法将半空间问题转化为全空间问题，然后根据复变函数基本理论，通过保角变换将 z 平面上第 j 个空沟边界对应变换为 ζ 平面上第 j 个单位圆，变换后的坐标系统如图 3.10 所示。

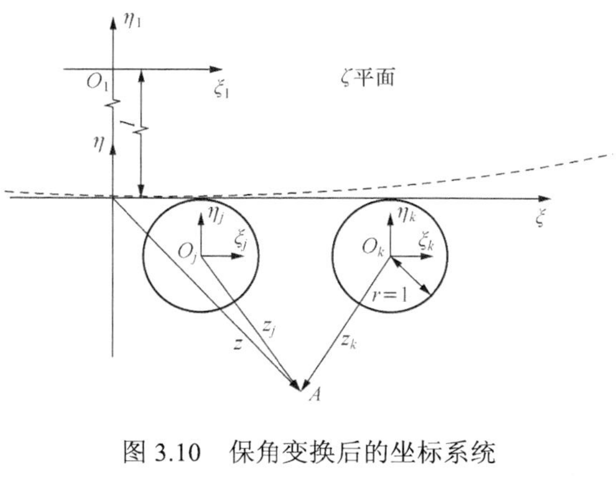

图 3.10　保角变换后的坐标系统

假定空沟边界处和地表边界处满足应力自由边界条件：

$$\sigma_r\big|_{(r_j,\theta_j)}=0 \tag{3.20}$$

引入保角变换函数 $z_j=\omega_j(\zeta)$ $(1\leqslant j\leqslant N+1)$，并由式（3.20）可得关于待定复系数 A_n^k 和 B_n^k 的无穷阶线性方程组：

$$\sum_{n=-\infty}^{\infty}\sum_{k=1}^{N+1}\begin{bmatrix}K_{11}^{kn} & K_{12}^{kn}\\ K_{21}^{kn} & K_{22}^{kn}\end{bmatrix}\begin{pmatrix}A_n^k\\ B_n^k\end{pmatrix}=\begin{pmatrix}Y_1\\ Y_2\end{pmatrix} \tag{3.21}$$

式（3.21）可以简写为

$$\sum_{i=1}^{2}\sum_{n=-\infty}^{\infty}\sum_{k=1}^{N+1}\sum_{l=1}^{2}K_{il}^{kn}X_{ln}^{k}=Y_i \tag{3.22}$$

式中，$X_{1n}^k=A_n^k$，$X_{2n}^k=B_n^k$，K_{il}^{kn} 和 Y_i 详细表达式如下：

$$\begin{aligned}K_{11}^{kn}=&-k_{\mathrm{P}}^2(\lambda^*+1)H_n^{(1)}(k_{\mathrm{P}}|\omega_j(\zeta)-d_{jk}|)\left[\frac{\omega_j(\zeta)-d_{jk}}{|\omega_j(\zeta)-d_{jk}|}\right]^n\\&+k_{\mathrm{P}}^2\frac{\zeta^2\omega_j'(\zeta)}{2\overline{\omega_j'(\zeta)}}H_{n-2}^{(1)}(k_{\mathrm{P}}|\omega_j(\zeta)-d_{jk}|)\left[\frac{\omega_j(\zeta)-d_{jk}}{|\omega_j(\zeta)-d_{jk}|}\right]^{n-2}\\&+k_{\mathrm{P}}^2\frac{\overline{\zeta}^2\overline{\omega_j'(\zeta)}}{2\omega_j'(\zeta)}H_{n+2}^{(1)}(k_{\mathrm{S}}|\omega_j(\zeta)-d_{jk}|)\left[\frac{\omega_j(\zeta)-d_{jk}}{|\omega_j(\zeta)-d_{jk}|}\right]^{n+2}\end{aligned}$$

$$\begin{aligned}K_{12}^{kn}=&\,\mathrm{i}k_{\mathrm{S}}^2\frac{\zeta^2\omega_j'(\zeta)}{2\overline{\omega_j'(\zeta)}}H_{n-2}^{(1)}(k_{\mathrm{S}}|\omega_j(\zeta)-d_{jk}|)\left[\frac{\omega_j(\zeta)-d_{jk}}{|\omega_j(\zeta)-d_{jk}|}\right]^{n-2}\\&-\mathrm{i}k_{\mathrm{S}}^2\frac{\overline{\zeta}^2\overline{\omega_j'(\zeta)}}{2\omega_j'(\zeta)}H_{n+2}^{(1)}(k_{\mathrm{S}}|\omega_j(\zeta)-d_{jk}|)\left[\frac{\omega_j(\zeta)-d_{jk}}{|\omega_j(\zeta)-d_{jk}|}\right]^{n+2}\end{aligned}$$

$$\begin{aligned}K_{21}^{kn}=&\,\mathrm{i}k_{\mathrm{P}}^2\frac{\zeta^2\omega_j'(\zeta)}{2\overline{\omega_j'(\zeta)}}H_{n-2}^{(1)}(k_{\mathrm{P}}|\omega_j(\zeta)-d_{jk}|)\left[\frac{\omega_j(\zeta)-d_{jk}}{|\omega_j(\zeta)-d_{jk}|}\right]^{n-2}\\&-\mathrm{i}k_{\mathrm{P}}^2\frac{\overline{\zeta}^2\overline{\omega_j'(\zeta)}}{2\omega_j'(\zeta)}H_{n+2}^{(1)}(k_{\mathrm{P}}|\omega_j(\zeta)-d_{jk}|)\left[\frac{\omega_j(\zeta)-d_{jk}}{|\omega_j(\zeta)-d_{jk}|}\right]^{n+2}\end{aligned}$$

$$\begin{aligned}K_{22}^{kn}=&-\mathrm{i}k_{\mathrm{S}}^2\frac{\zeta^2\omega_j'(\zeta)}{2\overline{\omega_j'(\zeta)}}H_{n-2}^{(1)}(k_{\mathrm{S}}|\omega_j(\zeta)-d_{jk}|)\left[\frac{\omega_j(\zeta)-d_{jk}}{|\omega_j(\zeta)-d_{jk}|}\right]^{n-2}\\&-\mathrm{i}k_{\mathrm{S}}^2\frac{\overline{\zeta}^2\overline{\omega_j'(\zeta)}}{2\omega_j'(\zeta)}H_{n+2}^{(1)}(k_{\mathrm{S}}|\omega_j(\zeta)-d_{jk}|)\left[\frac{\omega_j(\zeta)-d_{jk}}{|\omega_j(\zeta)-d_{jk}|}\right]^{n+2}\end{aligned}$$

$$Y_1=k_{\mathrm{P}}^2\left[(\lambda/\mu+1)+\frac{\zeta^2\omega_j'(\zeta)}{2\overline{\omega_j'(\zeta)}}\mathrm{e}^{-\mathrm{i}2\alpha}+\frac{\overline{\zeta}^2\overline{\omega_j'(\zeta)}}{2\omega_j'(\zeta)}\mathrm{e}^{\mathrm{i}2\alpha}\right]\varphi^{\mathrm{in}}$$

$$+k_{\mathrm{P}}^{2}\left[(\lambda/\mu+1)+\frac{\zeta^{2}\omega_{j}'(\zeta)}{2\overline{\omega_{j}'(\zeta)}}\mathrm{e}^{-\mathrm{i}2\alpha}+\frac{\overline{\zeta}^{2}\overline{\omega_{j}'(\zeta)}}{2\omega_{j}'(\zeta)}\mathrm{e}^{\mathrm{i}2\alpha}\right]\varphi^{\mathrm{re}}$$

$$+\mathrm{i}k_{\mathrm{S}}^{2}\left[\frac{\zeta^{2}\omega_{j}'(\zeta)}{2\overline{\omega_{j}'(\zeta)}}\mathrm{e}^{\mathrm{i}2\beta}-\frac{\overline{\zeta}^{2}\overline{\omega_{j}'(\zeta)}}{2\omega_{j}'(\zeta)}\mathrm{e}^{-\mathrm{i}2\beta}\right]\psi^{\mathrm{re}}$$

$$Y_{2}=\mathrm{i}k_{\mathrm{P}}^{2}\left[\frac{\zeta^{2}\omega_{j}'(\zeta)}{2\overline{\omega_{j}'(\zeta)}}\mathrm{e}^{-\mathrm{i}2\alpha}-\frac{\overline{\zeta}^{2}\overline{\omega_{j}'(\zeta)}}{2\omega_{j}'(\zeta)}\mathrm{e}^{\mathrm{i}2\alpha}\right]\varphi^{\mathrm{in}}$$

$$+\mathrm{i}k_{\mathrm{P}}^{2}\left[\frac{\zeta^{2}\omega_{j}'(\zeta)}{2\overline{\omega_{j}'(\zeta)}}\mathrm{e}^{\mathrm{i}2\alpha}-\frac{\overline{\zeta}^{2}\overline{\omega_{j}'(\zeta)}}{2\omega_{j}'(\zeta)}\mathrm{e}^{-\mathrm{i}2\alpha}\right]\varphi^{\mathrm{re}}$$

$$-k_{\mathrm{S}}^{2}\left[\frac{\zeta^{2}\omega_{j}'(\zeta)}{2\overline{\omega_{j}'(\zeta)}}\mathrm{e}^{\mathrm{i}2\beta}+\frac{\overline{\zeta}^{2}\overline{\omega_{j}'(\zeta)}}{2\omega_{j}'(\zeta)}\mathrm{e}^{-\mathrm{i}2\beta}\right]\psi^{\mathrm{re}}$$

具体求解方程（3.22）时，需给方程两边同乘以 $\mathrm{e}^{-\mathrm{i}m\theta_j}$ $(m=0,\pm1,\pm2,\cdots)$，并对方程两边关于变量 θ_j 在区间 $[0,2\pi]$ 上求积分，经过整理，最终得到关于待定复系数 A_n^k 和 B_n^k 的理论解的无穷阶线性方程组：

$$\sum_{i=1}^{2}\sum_{n=-\infty}^{\infty}\sum_{k=1}^{N+1}\sum_{l=1}^{2}K_{il}^{knm}X_{ln}^{k}=Y_{i}^{m} \tag{3.23}$$

式中

$$K_{il}^{knm}=\int_{0}^{2\pi}K_{il}^{kn}\mathrm{e}^{-\mathrm{i}m\theta_j}\mathrm{d}\theta_j,\quad K_{il}^{knm}=\int_{0}^{2\pi}K_{il}^{kn}\mathrm{e}^{-\mathrm{i}m\theta_j}\mathrm{d}\theta_j$$

至此，散射场中的未知系数可得到理论解答。

3.3.4　隔振性能分析

算例分析时仅分析了双空沟情形，通过计算双空沟边界处的应力残差来考察精度的可靠性。取入射角 $\alpha=5°$，Bessel 函数展开项为 $n=6$，入射波频率 $\eta_{\mathrm{P}}=0.19$，空沟深度 $b/a=4.0$，空沟间距 $d_{12}/a=3.0$，大圆弧半径 $l=10^4 a$，计算结果如图 3.11 所示。从图 3.11 中可以看出，应力残差值达到10^{-3}水平，说明计算精度比较可靠。

1. 入射波频率对隔振效果的影响

取入射角 $\alpha=5°$ 时，认为 P 波垂直空沟屏障入射。另外，取空沟间距 $d_{23}/a=3.0$，空沟深度 $b/a=4.0$，以区域 $(-100\leqslant x_1/a\leqslant100,-20\leqslant x_2/a\leqslant0)$ 为研究对象，图 3.12 绘制出了该区域内不同入射波频率 η_{S} 所对应的位移 $|u_2/a|$ 云图。对比空沟前后侧位移幅值发现，随着入射波频率的增加，空沟前侧土体位移

幅值在增大，而空沟后侧隔振内的位移幅值减小得更加明显。

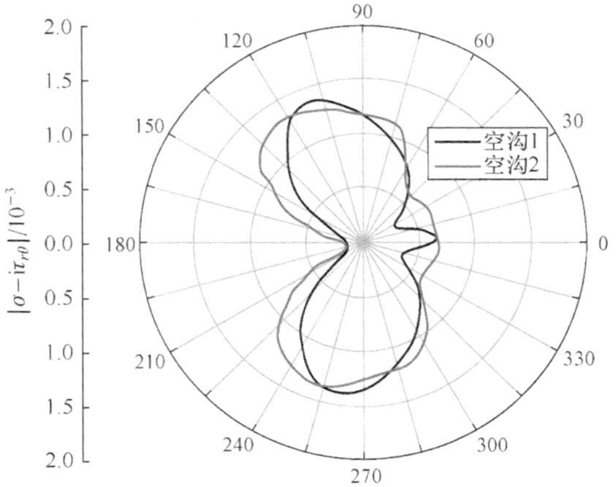

图 3.11　平面 P 波入射下双空沟周边的应力残差

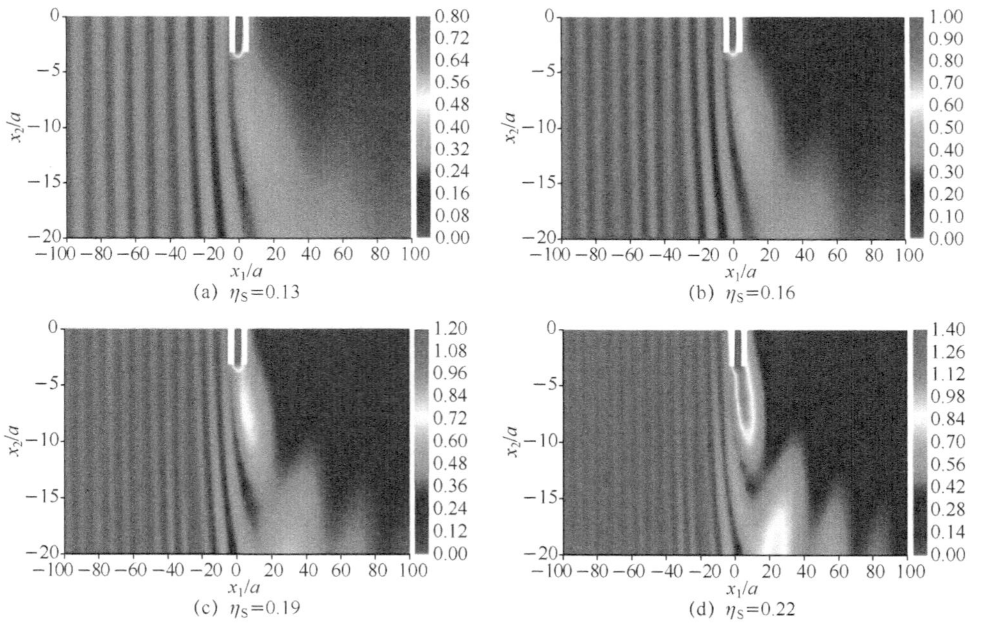

图 3.12　平面 P 波入射双空沟时不同入射波频率下的位移云图

为了评价入射波频率对隔振效果的影响，图 3.13 绘出了不同入射波频率下空沟后侧地表边界处 A_R 随 x_1/a 变化曲线。从图中可以明显地看出，频率越高 A_R 值越小，说明隔振效果越好。

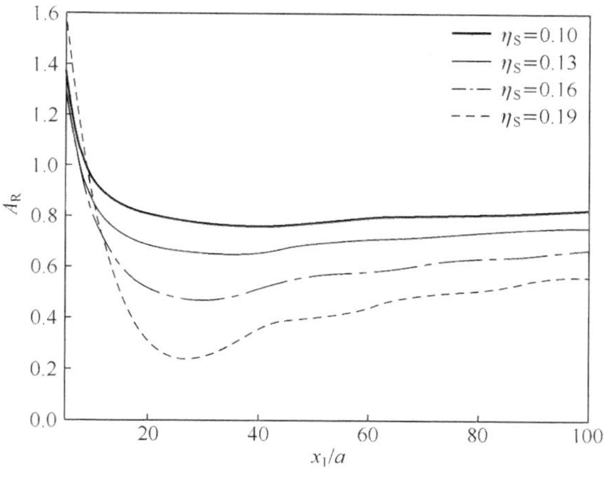

图 3.13　平面 P 波入射下不同频率对应 A_R 值随 x_1/a 的变化曲线

2. 空沟间距对隔振效果的影响

空沟间距是分析多空沟对隔振效果影响的重要参数，为了分析空沟间距对隔振效果的影响，取入射角 $\alpha=5°$，入射波频率 $\eta_S=0.22$，空沟深度 $b/a=4.0$，图 3.14 给出了区域 $(-100\leqslant x_1/a\leqslant 100, -20\leqslant x_2/a\leqslant 0)$ 内不同空沟间距 d_{23}/a 所对应的位移 $|u_2/a|$ 云图。由于双空沟中间有驻波产生，从图 3.14 中可以看出，双空沟中间土体的位移幅值有明显的放大现象，随着空沟间距的增加，这种位移幅值放大效应越明显，空沟后的隔振区域面积在增加，屏蔽区域内的位移幅值在减小。

为了更加直观地评价空沟间距对隔振性能的影响，图 3.15 绘制了不同空沟间距对应 A_R 值随 x_1/a 的变化曲线。从图 3.15 中可以看，空沟间距越大，A_R 越小，说明隔振效果越好。

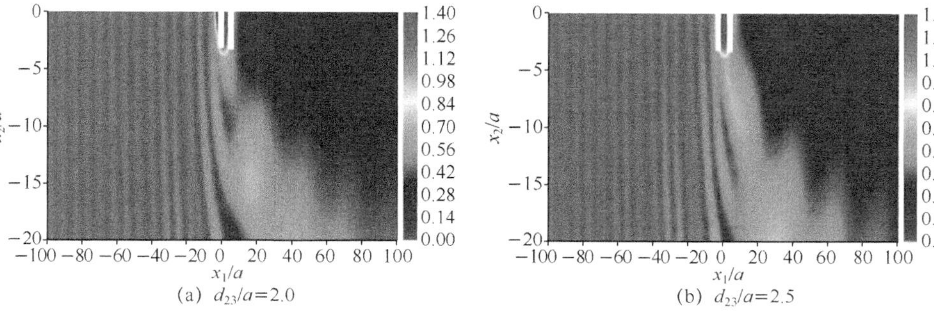

图 3.14　平面 P 波入射双空沟时不同间距下的位移云图

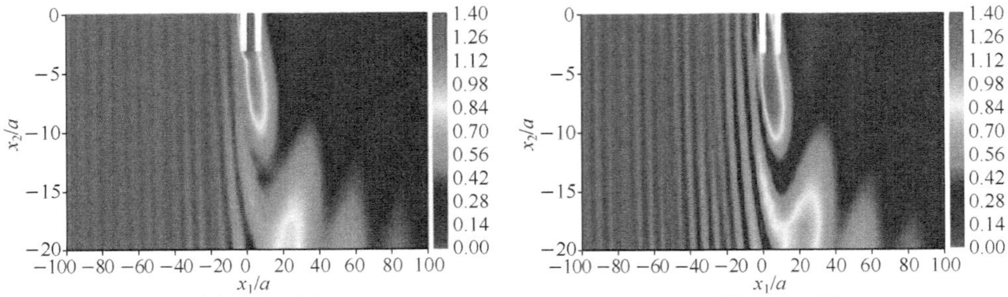

(c) $d_{23}/a=3.0$　　　　(d) $d_{23}/a=3.5$

图 3.14（续）

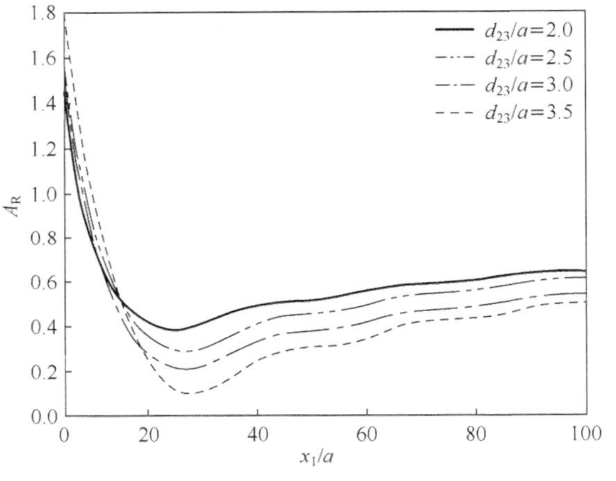

图 3.15　平面 P 波入射下不同空沟间距对应 A_R 值随 x_1/a 的变化曲线

3. 空沟深度对隔振效果的影响

为了分析空沟深度对隔振性能的影响，取入射角 $\alpha=5°$，入射波频率 $\eta_S=0.22$，空沟间距 $d_{23}/a=3.0$，图 3.16 绘制了区域 $(-100\leqslant x_1/a\leqslant 100,-20\leqslant x_2/a\leqslant 0)$ 内不同空沟深度 b/a 下的位移云图。从图 3.16 中可以看出，随着空沟深度 b/a 的增加，隔振区域面积在增大，隔振区域内的位移幅值在减小。

同样地，为了更加直观地评价双空沟屏障对不同空沟深度的隔振效果，绘制了不同空沟深度下屏障后侧地表边界上 A_R 值随 x_1/a 变化曲线，如图 3.17 所示。从图 3.17 中可以看出，空沟后侧在接近空沟边缘附近区域内位移幅值放大现象随着深度的增加更加剧烈。从能量守恒角度来看，这种放大现象的出现会减弱弹性波向空沟后的进一步传播。

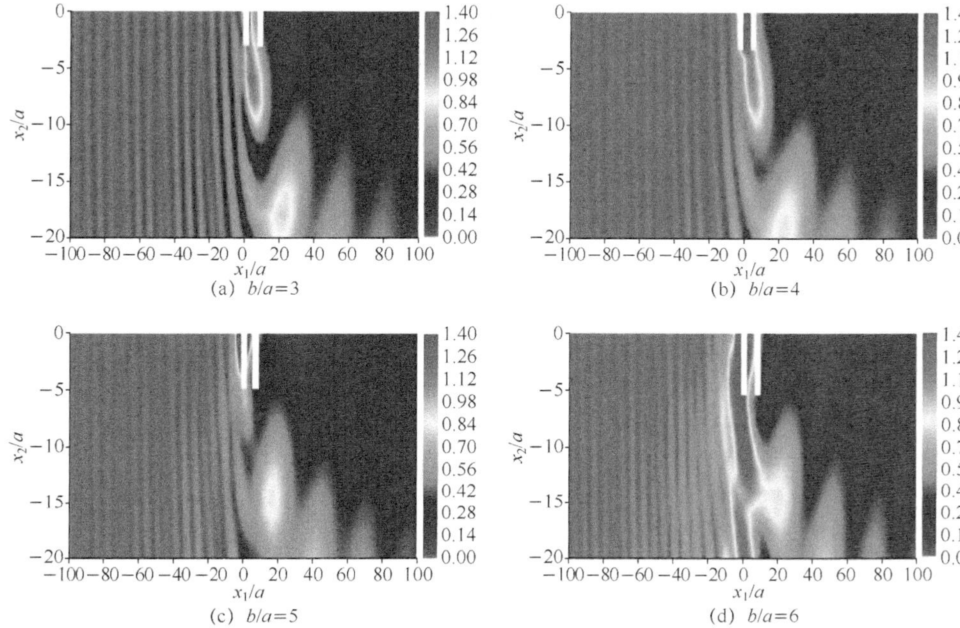

图 3.16　平面 P 波入射双空沟时不同空沟深度下的位移云图

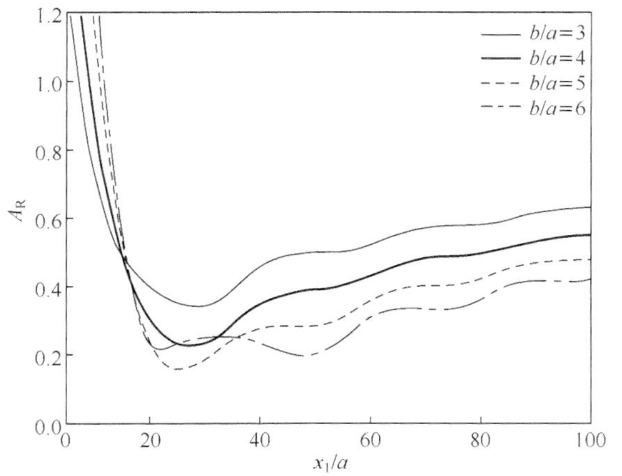

图 3.17　平面 P 波入射下不同空沟深度对应 A_R 值随 x_1 / a 的变化曲线

3.4　Rayleigh 波入射

3.4.1　数学模型

多空沟是由多个单空沟组成，以空沟中心为坐标圆心，引入 N 个局部直角坐

标系 (x_{1j}, x_{2j}) 和对应的复数坐标系 $(z_j, \overline{z}_j)$；将直角坐标系 (x_1, x_2) 和相应的复数坐标系 $(z, \overline{z})$ 设定为全局坐标系，x_1 轴为地表水平边界；采用大圆弧面近似模拟地表直边界，大圆弧圆心位于直角坐标系 (x_{11}, x_{21})，如图 3.18 所示。

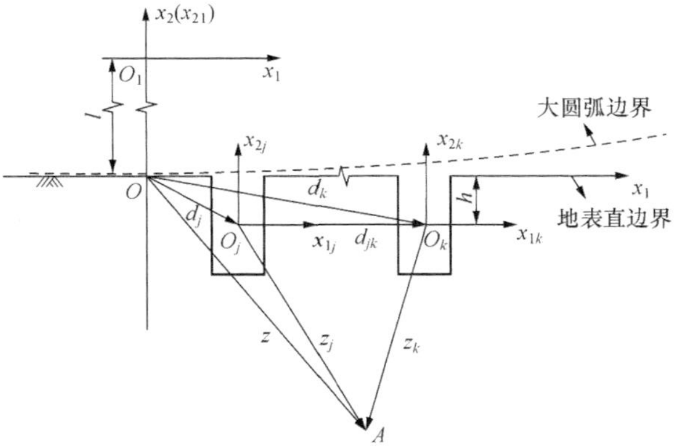

图 3.18　Rayleigh 波入射时多空沟布置及坐标设定

3.4.2　波场分析

为了计算方便，根据图 3.18 中多极坐标变换关系 $z = z_j + d_j$，则式（2.62）和式（2.63）在局部坐标系 $(z_j, \overline{z}_j)$ 可进一步表达为

$$\varphi^{\text{in}} = A\exp\left\{\frac{\mathrm{i}}{2}[k_{\text{RP1}}(z_j + d_j) + k_{\text{RP2}}(\overline{z}_j + \overline{d}_j)]\right\} \tag{3.24}$$

$$\psi^{\text{in}} = B\exp\left\{\frac{\mathrm{i}}{2}[k_{\text{RS1}}(z_j + d_j) + k_{\text{RS2}}(\overline{z}_j + \overline{d}_j)]\right\} \tag{3.25}$$

观测点 A 处总散射 Rayleigh 波的势函数在局部坐标系 $(z_j, \overline{z}_j)$ 表达式详见式（2.66）和式（2.67）。

3.4.3　问题求解

多空沟对 Rayleigh 的散射问题求解方法同多空沟对 P 波的散射问题的求解方法一样，只是方程组中的元素 Y_i 略有不同，有

$$\begin{cases} Y_1 = (\lambda/\mu + 1)k_{\text{P}}^2\varphi^{\text{in}} + \left[\dfrac{k_{\text{RP1}}^2}{2}\varphi^{\text{in}} + \mathrm{i}\dfrac{k_{\text{RS1}}^2}{2}\psi^{\text{in}}\right]\mathrm{e}^{2\mathrm{i}\gamma} + \left[\dfrac{k_{\text{RP2}}^2}{2}\varphi^{\text{in}} - \mathrm{i}\dfrac{k_{\text{RS2}}^2}{2}\psi^{\text{in}}\right]\mathrm{e}^{-2\mathrm{i}\gamma} \\ Y_2 = \mathrm{i}\left[\dfrac{k_{\text{RP1}}^2}{2}\varphi^{\text{in}} + \mathrm{i}\dfrac{k_{\text{RS1}}^2}{2}\psi^{\text{in}}\right]\mathrm{e}^{2\mathrm{i}\gamma} - \mathrm{i}\left[\dfrac{k_{\text{RP2}}^2}{2}\varphi^{\text{in}} - \mathrm{i}\dfrac{k_{\text{RS2}}^2}{2}\psi^{\text{in}}\right]\mathrm{e}^{-2\mathrm{i}\gamma} \end{cases}$$

3.4.4 隔振性能分析

1. 入射波频率对隔振效果的影响

为了分析入射波频率对双空沟隔振性能的影响，取空沟间距 $d_{23}/a=3.5$，空沟深度 $b/a=4.0$，以区域 $(-15\leqslant x_1/a\leqslant 30,-20\leqslant x_2/a\leqslant 0)$ 为研究对象，图 3.19 绘制出了该区域内不同入射波频率 η_S 下的位移 $|u_2/a|$ 云图。Rayleigh 波位移幅值随深度的增加而衰减。从图 3.19 中可以看出，Rayleigh 波位移幅值主要集中在地表附近，并且 Rayleigh 波位移幅值随着频率的增加也会发生衰减，因此，频率较低时，地表附近的位移幅值响应较为剧烈。Rayleigh 波遇到空沟边界时会发生散射等现象，由于驻波的产生，双空沟中间附近的土体位移幅值有明显的放大现象，因此双空沟后侧隔振区域中位移衰减效果较单空沟时更加明显。

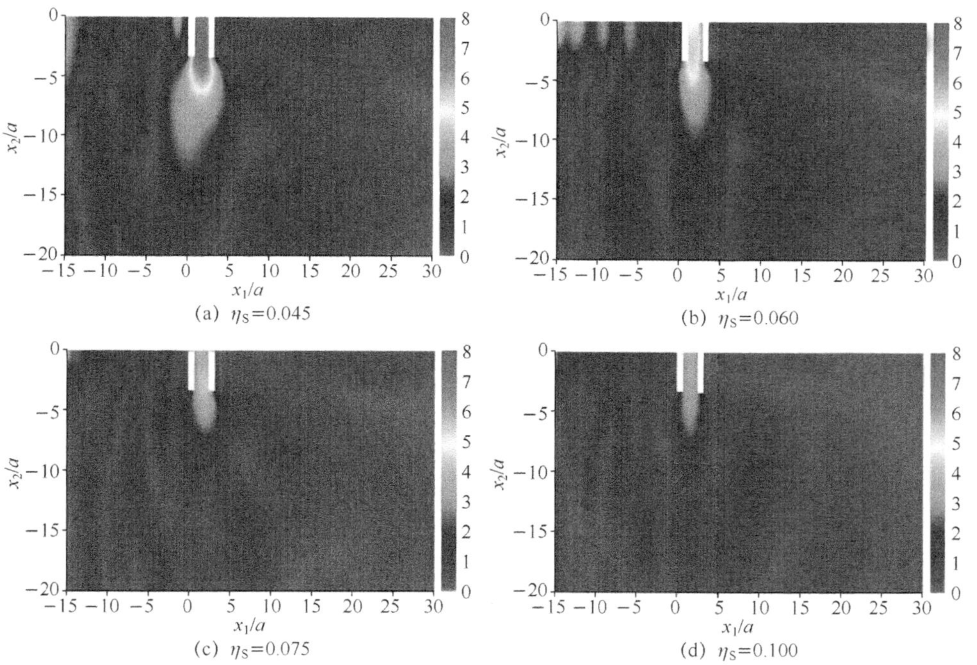

图 3.19　Rayleigh 波入射双空沟时不同入射波频率下的位移云图

为了评价不同频率下双空沟对 Rayleigh 波隔振效果的影响，图 3.20 绘制了空沟屏障后侧地表边界处振幅衰减系数 A_R 值随 x_1/a 变化曲线。从图 3.20 中可以明显看出，频率越高，A_R 值越小，说明一定频率范围内，频率较高时双空沟能发挥出更好的隔振效果。

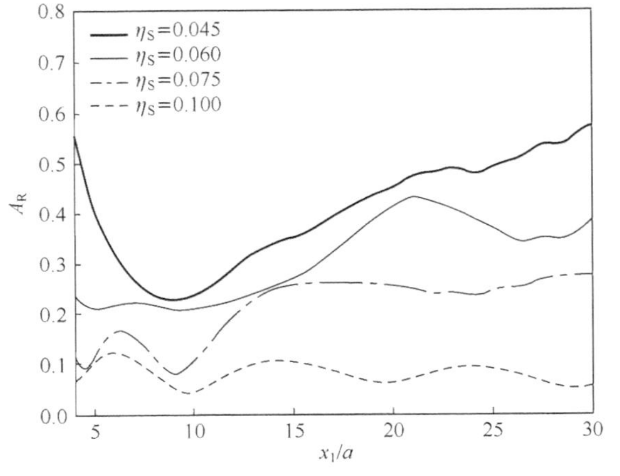

图 3.20 Rayleigh 波入射下不同频率对应 A_R 值随 x_1/a 的变化曲线

2. 空沟间距对隔振效果的影响

为了分析空沟间距对隔振效果的影响，取频率 $\eta_S = 0.100$，空沟深度 $b/a = 4$，图 3.21 给出了区域 $(-15 \leqslant x_1/a \leqslant 30, -20 \leqslant x_2/a \leqslant 0)$ 内不同空沟间距 d_{23}/a 下的位移 $|u_2/a|$ 云图。多空沟除了可以提高对弹性波的散射效率以外，在双空沟中间还有驻波产生，能够极大地减弱 Rayleigh 波向被保护区域的传播。从图 3.21 中

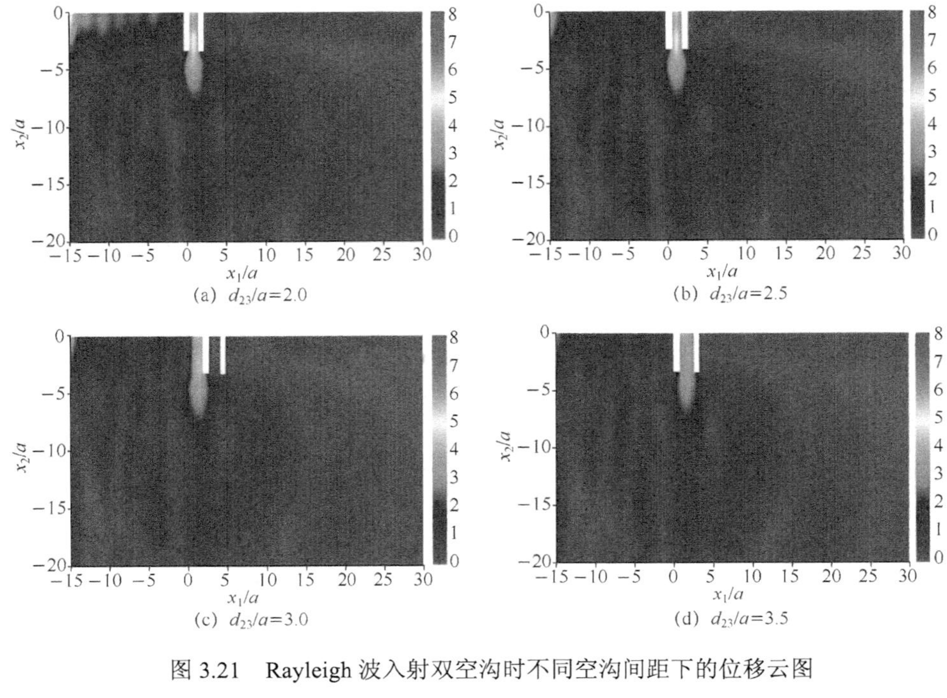

图 3.21 Rayleigh 波入射双空沟时不同空沟间距下的位移云图

可以看出，一定空沟间距范围内，空沟屏障后侧隔振区域内的位移幅值随空沟间距的增大而减小。

为了更加直观地评价不同空沟间距下双空沟对 Rayleigh 波隔振性能的影响，图 3.22 绘制了不同间距下空沟屏障后侧地表边界上 A_R 值随 x_1/a 变化曲线。从图 3.22 中可以看，A_R 值有一定的波动，随着空沟间距的增大，波动在减弱，且 A_R 值随着空沟间距的增大而减小，说明在一定空沟间距范围内，随着空沟间距的增大，隔振效果越好。

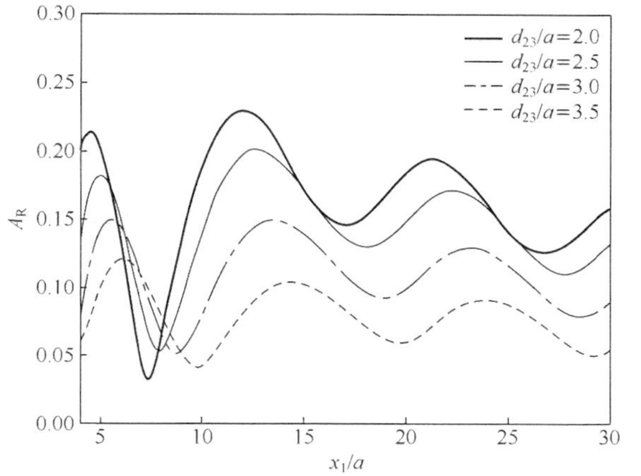

图 3.22　Rayleigh 波入射双空沟时不同空沟间距所对应 A_R 值随 x_1/a 的变化曲线

3. 空沟深度对隔振效果的影响

取入射波频率 $\eta_S=0.11$，取空沟间距 $d_{23}/a=3.5$，绘制出区域内 $(-15\leqslant x_1/a\leqslant 30, -20\leqslant x_2/a\leqslant 0)$ 在不同空沟深度 b/a 下的位移 $|u_2/a|$ 云图，如图 3.23 所示。从图 3.23 中可以看出，靠近空沟屏障边缘附近区域内波场随着空沟深度 b/a 的增加变得更加复杂，这是 Rayleigh 遇到空沟边界时发生散射的结果。同时，随着空沟深度 d/a 的增加，隔振区域内的位移在减小。空沟深度对弹性波传播的阻断作用的物理意义更加清晰，空沟的隔振效果主要依赖于深度，空沟深度的增加能够显著提高空沟对弹性波的隔振效果。

为了评价空沟深度对隔振性能的影响，图 3.24 绘制了不同深度下空沟后侧地表边界上 A_R 值随 x_1/a 的变化曲线。从图 3.24 中可以看出，A_R 值随 x_1/a 的变化有一定的波动现象，但随着深度的增加，A_R 值在减小，隔振效果越好。

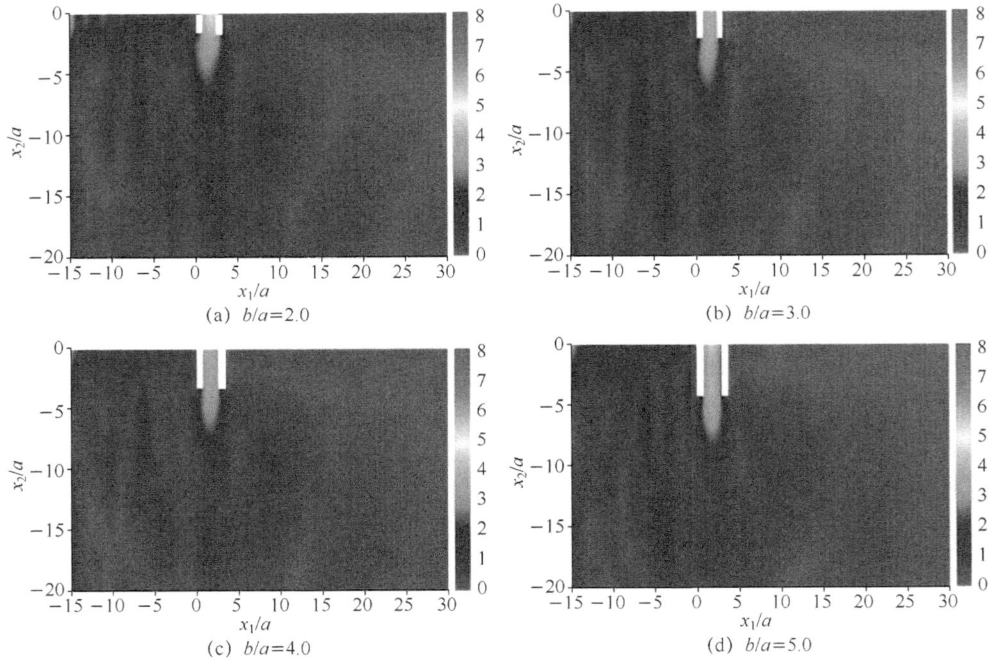

图 3.23　Rayleigh 波入射单空沟时不同入射波频率下的位移云图

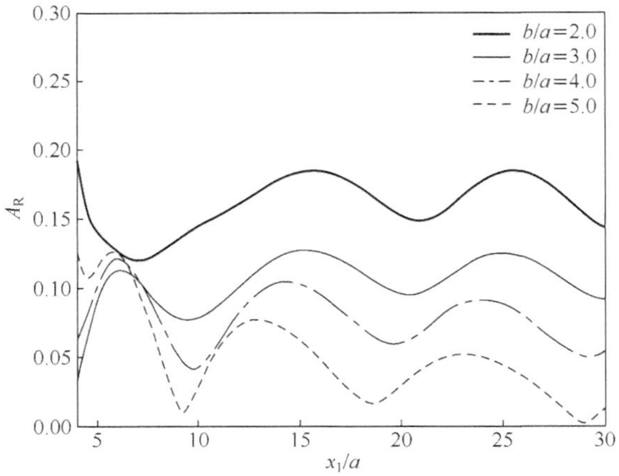

图 3.24　Rayleigh 波入射下不同空沟深度所对应 A_R 值随 x_1/a 的变化曲线

参 考 文 献

[1] GAO G Y，CHEN J，GU X Q，et al. Numerical study on the active vibration isolation by wave impeding

block in saturated soils under vertical loading[J]. Soil Dynamic and Earthquake Engineering，2017，93（2）：99-112.

[2] HWANG J H，TU T Y. Ground vibration due to dynamic compaction[J]. Soil Dynamic and Earthquake Engineering，2006，26（5）：337-346.

[3] MA Q，ZHOU F X，ZHANG W Y. Vibration isolation of saturated foundations by functionally graded wave impeding block under a moving load[J]. Journal of the Brazilian Society of Mechanical Sciences and Engineering，2019，41（2）：108-118.

[4] SADRI M，YOUNESIAN D. Performance analysis of multiple trenches in train-induced wave mitigation[J]. Journal of Low Frequency Noise，Vibration and Active Control，2014，33（1）：47-64.

[5] 赵凯，刘长武，张国良. 用弹性力学的复变函数法求解矩形硐室周边应力[J]. 采矿与安全工程学报，2007，24（3）：361-365.

[6] 周凤玺，梁玉旺，刘佳. 多空沟对弹性波的散射及隔振性能分析：SH 波入射[J].振动与冲击，2021，40（24）：263-268.

[7] 周凤玺，梁玉旺. 多空沟对弹性波的散射及隔振性能分析：平面 P-SV 波入射[J]. 振动工程学报，2023，36（3）：789-795.

第 4 章　均质波阻板隔振屏障

4.1　引　言

自 Woods[1] 提出了采用振幅衰减系数来衡量屏障隔振效果以来，国内外学者对连续屏障和非连续屏障的减振隔振效果进行了一系列的研究工作[2-4]。其中，在地基中人工设置波阻板（WIB）来实现振动控制的隔振性能研究也取得了长足的发展[5-7]。Chouw 等[8]分析了基岩上单一土层表面作用简谐线荷载时土层内波的传递特性。研究表明，振动在基岩上单一土层中存在截止频率，当截止频率大于表面作用的简谐线荷载频率时，土层中无波的传播，即辐射阻尼接近于零。只有当截止频率小于激振频率时，波才会在土层中传播；当截止频率接近激振频率时，土层发生共振。根据这一现象，Chouw 等[8-9]建议人工设置一个类似的硬夹层，以形成一个有限尺寸的人工基岩来进行隔振，并将这个人工基岩称为波阻板，如图 4.1 所示。

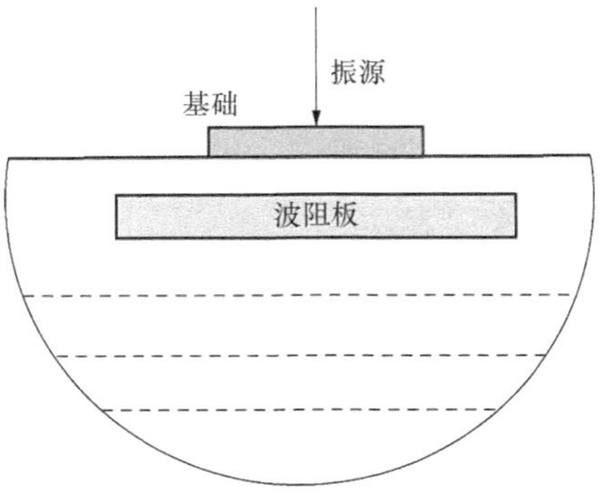

图 4.1　波阻板隔振屏障示意图

均质波阻板作为最早提出的波阻板隔振屏障，受到了人们的广泛关注。本章将对不同弹性波入射下均质波阻板的隔振性能进行分析。首先，借助弹性力学复变理论，建立了二维弹性地基中矩形波阻板对波场散射问题的控制方程；其次，根据波阻板与半空间交界面的连续性条件，考虑平面弹性波入射，运用波动函数展开法得到了二维地基波阻板隔振性能的解析解答；最后，通过数值算例分析对地基表面的隔振效果。

4.2　平面 SH 波入射

4.2.1　问题描述

如图 4.2 所示为二维地基中均质波阻板隔振的计算模型。按如图 4.2 所示在地基表面建立坐标系 $x_1'O'x_2'$ 和在弹性半空间中建立坐标系 x_1Ox_2。矩形波阻板中心位于坐标系 x_1Ox_2 原点 O 处，其材料属性用剪切模量 μ_{II} 和质量密度 ρ_{II} 表示，弹性地基的材料属性由剪切模量 μ_{I} 和质量密度为 ρ_{I} 表示，波阻板埋深为 H（板中心距地表面高度为 H），α为 SH 波的入射角度。

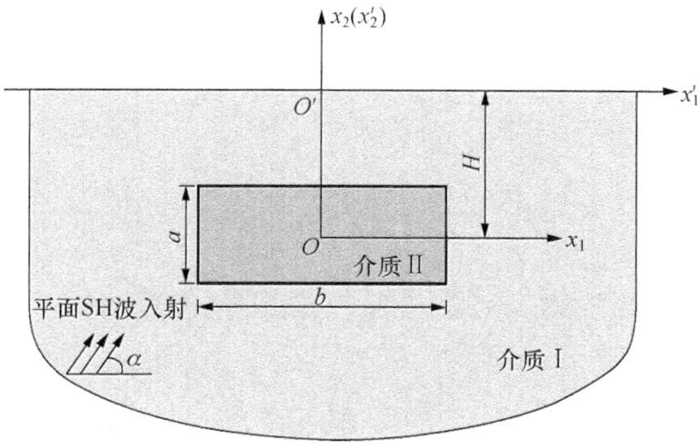

图 4.2　平面 SH 波入射下的波阻板计算模型

对于坐标系 x_1Ox_2，直角坐标是 (x_1, x_2)，极坐标是（r,θ），复数坐标是 $z = x_1 + \mathrm{i}x_2$、$\overline{z} = x_1 - \mathrm{i}x_2$；对于坐标系 $x_1'O'x_2'$ 中直角坐标是 (x_1', x_2')，极坐标是 (r', θ')，复数坐标是 $z' = x_1' + \mathrm{i}x_2'$、$\overline{z}' = x_1' - \mathrm{i}x_2'$。且有

$$
\begin{cases}
x_1 = x_1' \\
x_2 = x_2' + H \\
z' = x_1' + \mathrm{i}x_2' \\
\overline{z}' = x_1' - \mathrm{i}x_2' \\
z = z' + \mathrm{i}H \\
\overline{z} = \overline{z}' - \mathrm{i}H
\end{cases}
\tag{4.1}
$$

4.2.2　波场分析

考虑简谐平面 SH 波入射含波阻板的二维弹性地基，在弹性半空间中，入射

波遇到地表边界会产生一个反射的 SH 波，在坐标 $(z,\bar{z})$ 下可以将入射波与反射波的位移势函数表达为

$$w_1^{\text{in}} = w_0 \mathrm{e}^{\frac{\mathrm{i}k_{\text{I}}}{2}(z\mathrm{e}^{-\mathrm{i}\alpha}+\bar{z}\mathrm{e}^{\mathrm{i}\alpha})}\mathrm{e}^{-\mathrm{i}Hk_{\text{I}}\sin\alpha} \tag{4.2}$$

$$w_1^{\text{re}} = w_0 \mathrm{e}^{\frac{\mathrm{i}k_{\text{I}}}{2}(z\mathrm{e}^{\mathrm{i}\alpha}+\bar{z}\mathrm{e}^{-\mathrm{i}\alpha})}\mathrm{e}^{-\mathrm{i}Hk_{\text{I}}\sin\alpha} \tag{4.3}$$

式中，w_0 为入射波的波幅；α 为入射角；k_{I} 为弹性地基介质中的波数。

结合式（4.1），将式（4.2）和式（4.3）在坐标 $(z_1,\bar{z}_1)$ 下进行表达：

$$w_2^{\text{in}} = w_0 \mathrm{e}^{\frac{\mathrm{i}k_{\text{I}}}{2}(z_1\mathrm{e}^{-\mathrm{i}\alpha}+\bar{z}_1\mathrm{e}^{\mathrm{i}\alpha})} \tag{4.4}$$

$$w_2^{\text{re}} = w_0 \mathrm{e}^{\frac{\mathrm{i}k_{\text{I}}}{2}(z_1\mathrm{e}^{\mathrm{i}\alpha}+\bar{z}_1\mathrm{e}^{-\mathrm{i}\alpha})} \tag{4.5}$$

当入射波遇到波阻板边界时会产生散射波，通过求解 Helmholtz 方程（2.6），利用设虚源法可以构造出预先满足半空间水平边界处应力自由边界条件及无穷远处的 Sommerfeld 辐射边界条件的 SH 波散射位移势函数，在坐标 $(z,\bar{z})$ 下可表示为

$$w_1^{\text{sc}}=w_0\sum_{n=-\infty}^{\infty}A_n\left\{H_n^{(1)}(k_{\text{I}}|z|)\left(\frac{z}{|z|}\right)^n+H_n^{(1)}(k_{\text{I}}|z-2H\mathrm{i}|)\left(\frac{z-2H\mathrm{i}}{|z-2H\mathrm{i}|}\right)^{-n}\right\} \tag{4.6}$$

由式（4.1）将散射波位移场在坐标 $(z,\bar{z})$ 下可表示为

$$w_2^{\text{sc}}=w_0\sum_{n=-\infty}^{\infty}A_n\left\{H_n^{(1)}(k_{\text{I}}|z_1+H\mathrm{i}|)\left(\frac{z_1+H\mathrm{i}}{|z_1+H\mathrm{i}|}\right)^n+H_n^{(1)}(k_{\text{I}}|z_1-H\mathrm{i}|)\left(\frac{z_1-H\mathrm{i}}{|z_1-H\mathrm{i}|}\right)^{-n}\right\} \tag{4.7}$$

矩形波阻板内的透射波是驻波，在坐标 $(z,\bar{z})$ 下可表示为

$$w_2^{\text{tr}}=\sum_{n=-\infty}^{\infty}B_nJ_n(k_{\text{II}}|z|)\left(\frac{z}{|z|}\right)^n \tag{4.8}$$

式中，$J_n(\cdot)$ 为 r 阶第一类Bessel函数；k_{II} 为波阻板介质中的波数。

由式（4.1），将式（4.8）在坐标 $(z_1,\bar{z}_1)$ 下可表示为

$$w_2^{\text{tr}}=\sum_{n=-\infty}^{\infty}B_nJ_n(k_{\text{II}}|z_1+H\mathrm{i}|)\left(\frac{z_1+H\mathrm{i}}{|z_1+H\mathrm{i}|}\right)^n \tag{4.9}$$

至此，弹性地基介质中总的波场在坐标 $(z,\bar{z})$ 及 $(z_1,\bar{z}_1)$ 下可分别表示为

$$w_1 = w_1^{\text{in}} + w_1^{\text{re}} + w_1^{\text{sc}} \tag{4.10a}$$

$$w_2 = w_2^{\text{in}} + w_2^{\text{re}} + w_2^{\text{sc}} \tag{4.10b}$$

4.2.3　问题求解

基于复变函数保角变换理论，利用保角变换函数 $z=\omega(\zeta)$ 可将 z 平面上矩形波阻板边界变换为 ζ 平面上的单位圆，变换前后的坐标系统如图 4.3 所示。

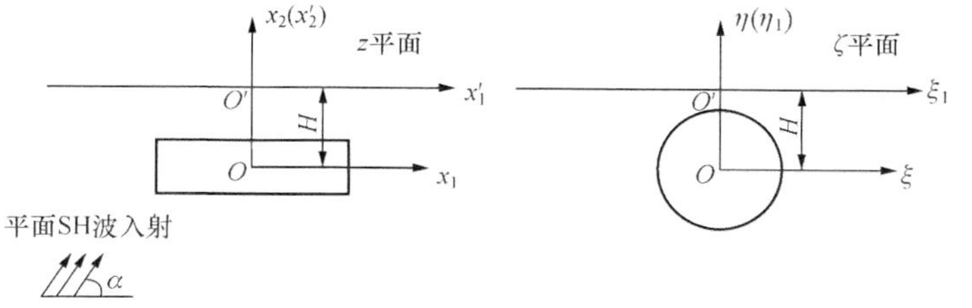

图 4.3　保角变换前后的坐标系统

波阻板周边和弹性半空间交界面处满足应力和位移连续性边界条件，在坐标 $(z,\bar{z})$ 下可表示为

$$w_1\big|_{r=1}=w_1^{\mathrm{tr}}\big|_{r=1} \tag{4.11a}$$

$$\tau_{1,rx_3}\big|_{r=1}=\tau_{1,rx_3}^{\mathrm{tr}}\big|_{r=1} \tag{4.11b}$$

由上述边界条件可建立起关于待定复系数A_n和B_n的方程组：

$$\sum_{n=-\infty}^{\infty}\begin{bmatrix}k_{11}^n & k_{12}^n\\ k_{21}^n & k_{22}^n\end{bmatrix}\begin{pmatrix}A_n\\ B_n\end{pmatrix}=\begin{pmatrix}Y_1\\ Y_2\end{pmatrix} \tag{4.12}$$

将式（4.12）进一步简写为

$$\sum_{i=1}^{2}\sum_{n=-\infty}^{\infty}\sum_{l=1}^{2}k_{il}^n X_{ln}=Y_i \tag{4.13}$$

式中，$X_{1n}=A_n$，$X_{2n}=B_n$，k_{il}^n 和 Y_i 详细表达式如下：

$$k_{11}^n=H_n^{(1)}(k_{\mathrm{I}}|z|)\left(\frac{z}{|z|}\right)^n+H_n^{(1)}(k_{\mathrm{I}}|z-2H\mathrm{i}|)\left(\frac{z-2H\mathrm{i}}{|z-2H\mathrm{i}|}\right)^{-n}$$

$$k_{12}^n=J_n(k_{\mathrm{II}}|z|)\left(\frac{z}{|z|}\right)^n$$

$$k_{21}^n=\frac{k_{\mathrm{I}}\mu_{\mathrm{I}}}{2}\left[H_{n-1}^{(1)}(k_{\mathrm{I}}|z|)\left(\frac{z}{|z|}\right)^{n-1}\mathrm{e}^{\mathrm{i}\gamma}-H_{n+1}^{(1)}(k_{\mathrm{I}}|z|)\left(\frac{z}{|z|}\right)^{n+1}\mathrm{e}^{-\mathrm{i}\gamma}\right.$$

$$\left.-H_{n+1}^{(1)}(k_{\mathrm{I}}|z-2H\mathrm{i}|)\left(\frac{z-2H\mathrm{i}}{|z-2H\mathrm{i}|}\right)^{-(n+1)}\mathrm{e}^{\mathrm{i}\gamma}+H_{n-1}^{(1)}(k_{\mathrm{I}}|z-2H\mathrm{i}|)\left(\frac{z-2H\mathrm{i}}{|z-2H\mathrm{i}|}\right)^{-(n-1)}\mathrm{e}^{-\mathrm{i}\gamma}\right]$$

$$k_{22}^n = \frac{k_{\mathrm{II}}\mu_{\mathrm{II}}}{2}\left[J_{n-1}(k_{\mathrm{II}}\,|\,z\,|)\left(\frac{z}{|\,z\,|}\right)^{n-1}\mathrm{e}^{\mathrm{i}\gamma} - J_{n+1}(k_{\mathrm{II}}\,|\,z\,|)\left(\frac{z}{|\,z\,|}\right)^{n+1}\mathrm{e}^{-i\gamma}\right]$$

$$Y_1 = \mathrm{e}^{\left[\frac{\mathrm{i}k_{\mathrm{I}}}{2}(z\mathrm{e}^{-\mathrm{i}\alpha}+\bar{z}\mathrm{e}^{\mathrm{i}\alpha})\right]}\mathrm{e}^{-\mathrm{i}Hk_{\mathrm{I}}\sin\alpha} + \mathrm{e}^{\left[\frac{\mathrm{i}k_{\mathrm{I}}}{2}(z\mathrm{e}^{\mathrm{i}\alpha}+\bar{z}\mathrm{e}^{-\mathrm{i}\alpha})\right]}\mathrm{e}^{\mathrm{i}Hk_{\mathrm{I}}\sin\alpha}$$

$$Y_2 = -\frac{\mathrm{i}\mu_{\mathrm{I}}k_{\mathrm{I}}}{2}\left[(\mathrm{e}^{\mathrm{i}\gamma}\mathrm{e}^{-\mathrm{i}\alpha}+\mathrm{e}^{-\mathrm{i}\gamma}\mathrm{e}^{\mathrm{i}\alpha})^{-\mathrm{i}Hk_{\mathrm{I}}\sin\alpha}\mathrm{e}^{\frac{\mathrm{i}k_{\mathrm{I}}}{2}(z\mathrm{e}^{-\mathrm{i}\alpha}+\bar{z}\mathrm{e}^{\mathrm{i}\alpha})} + (\mathrm{e}^{\mathrm{i}\gamma}\mathrm{e}^{\mathrm{i}\alpha}+\mathrm{e}^{-\mathrm{i}\gamma}\mathrm{e}^{-\mathrm{i}\alpha})\mathrm{e}^{\mathrm{i}Hk_{\mathrm{I}}\sin\alpha}\mathrm{e}^{\frac{\mathrm{i}k_{\mathrm{I}}}{2}(z\mathrm{e}^{\mathrm{i}\alpha}+\bar{z}\mathrm{e}^{-\mathrm{i}\alpha})}\right]$$

在方程（4.12）的两边同时乘 $\mathrm{e}^{-im\theta}$，并在区间 $[0,2\pi]$ 上求积分，则得到关于待定复系数 A_n 和 B_n 的无穷线性方程组：

$$\sum_{i=1}^{2}\sum_{n=-\infty}^{\infty}\sum_{l=1}^{2}K_{il}^{nm}X_{ln} = Y_i^m \tag{4.14}$$

式中

$$K_{il}^{nm} = \int_0^{2\pi}k_{il}^n\mathrm{e}^{-\mathrm{i}m\theta_j}\,\mathrm{d}\theta_j\,,\quad Y_i^m = \int_0^{2\pi}Y_i\mathrm{e}^{-\mathrm{i}m\theta_j}\,\mathrm{d}\theta_j$$

至此，散射场中的未知系数可得到理论解答。利用截断有限项的方法解方程组（4.14），就可以确定波函数中未知系数 A_n 和 B_n。

4.2.4 隔振效果分析

在算例分析中选取弹性地基的参数：波数 $k_{\mathrm{I}} = 0.05$，剪切模量 $\mu_{\mathrm{I}} = 8\times10^6\,\mathrm{Pa}$，密度 $\rho_{\mathrm{I}} = 2000\mathrm{kg/m^3}$。矩形波阻板的材料参数：波数比 $k_{\mathrm{I}}/k_{\mathrm{II}} = 1/3$，长度 a=4m，宽度 b=0.4m。位移函数的固有圆频率 $\omega = 10\mathrm{Hz}$。

为验证本节解答的有效性，选取王贻荪[10]对 Lamb 问题的解析解答作为验证对比，其中取弹性地基密度 $\rho_{\mathrm{I}} = 2000\mathrm{kg/m^3}$，剪切波速 $v_{\mathrm{s}} = 200\mathrm{m/s}$，固有圆频率 ω=10 Hz，剪切模量 $\mu_{\mathrm{I}} = 8\times10^6\,\mathrm{Pa}$。SH 波入射下地表振幅解答对比如图 4.4 所示。由图 4.4 看出，本节计算值与文献［10］结果相一致，说明本节算法的有效性。

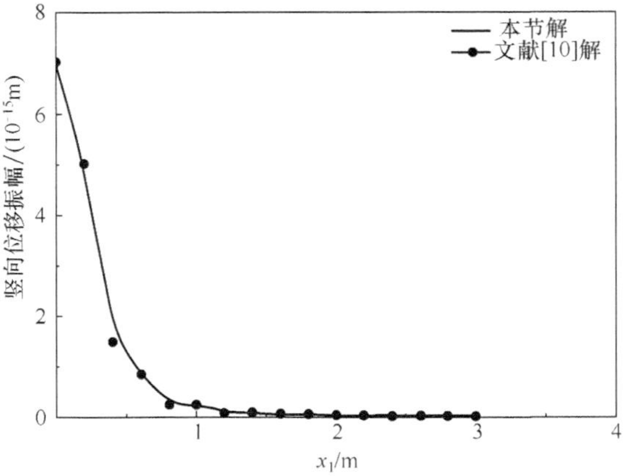

图 4.4　SH 波入射下地表竖向位移振幅值对比

为了分析级数项系数 n 对数值计算结果的影响。选取参数 a=4m，b=0.4m，$\rho_{\mathrm{I}}=2000\mathrm{kg/m^3}$，$\omega$=10 Hz，$\mu_{\mathrm{I}}=8\times10^6\mathrm{Pa}$，$k_{\mathrm{I}}=0.05$，$k_{\mathrm{I}}/k_{\mathrm{II}}=1/3$，$\mu_{\mathrm{II}}/\mu_{\mathrm{I}}=2$，$H$=0.5$b$，$\alpha$=30°。图 4.5 给出了不同 n 的情况下地表竖向位移振幅的变化曲线。由图 4.5 可知，当散射波系数 n 取 10 时可以满足计算精度要求。

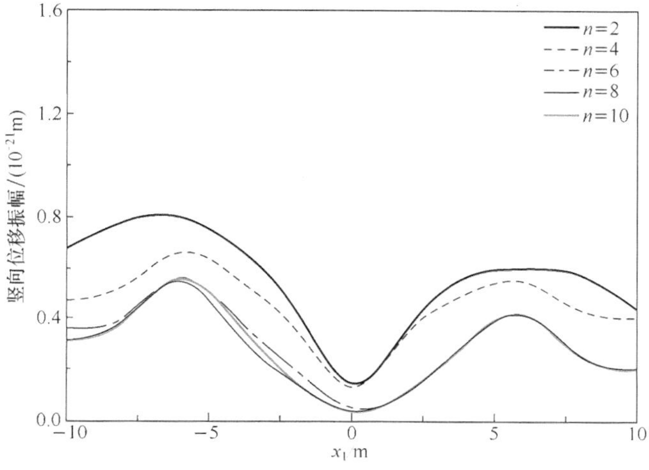

图 4.5　不同 n 值时地表竖向位移振幅的变化曲线

利用振幅衰减系数（有屏障时的振幅与无屏障时的振幅之比）的变化，分析了波阻板与地基的剪切模量比、波阻板的埋置深度，以及弹性波入射角度对地基表面的隔振效果影响。同时在计算隔振效果时选择地基表面位置，并分析在不同参数条件下地基表面的隔振效果。

1. 波阻板与地基剪切模量比的影响

选取 $a=4\mathrm{m}$，$b=0.4\mathrm{m}$，$\rho_{\mathrm{I}}=2000\mathrm{kg/m^3}$，$\omega=10\mathrm{Hz}$，$\mu_{\mathrm{I}}=8\times10^6\mathrm{Pa}$，$k_{\mathrm{I}}=0.05$，$k_{\mathrm{I}}/k_{\mathrm{II}}=1/3$，$H=0.5b$，$\alpha$=30°，图 4.6 绘出了地表振幅衰减系数 A_{R} 的变化曲线。由图 4.6 可知，当波阻板的剪切模量与地基的剪切模量比 $\mu_{\mathrm{II}}/\mu_{\mathrm{I}}=0.5$ 时，采用波阻板隔振体系隔振效果不是很明显；当剪切模量比为 $\mu_{\mathrm{II}}/\mu_{\mathrm{I}}=1$ 时，可以看出波阻板有显著的隔振效果；当 $\mu_{\mathrm{II}}/\mu_{\mathrm{I}}=2$ 时，隔振效果显著增强。由于入射波是在波阻板的左方向右斜入射，在地基表面 0～10m 处的位移振幅明显比−10～0m 处的小，说明设置波阻板作为隔振屏障有较好的隔振效果。因此，合理地选择波阻板的剪切模量可以有效提高隔振效果。

2. 波阻板埋置深度的影响

选取 $a=4\mathrm{m}$，$b=0.4\mathrm{m}$，$\rho_{\mathrm{I}}=2000\mathrm{kg/m^3}$，$\omega=10\mathrm{Hz}$，$\mu_{\mathrm{I}}=8\times10^6\mathrm{Pa}$，$k_{\mathrm{I}}=0.05$，

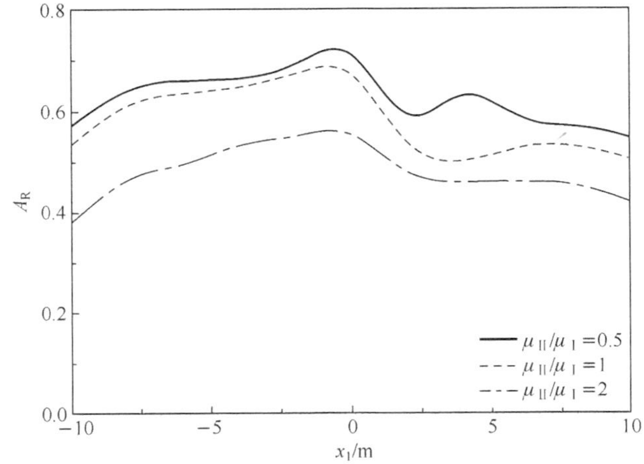

图 4.6　不同波阻板剪切模量时振幅衰减系数 A_R 变化曲线

$k_I / k_{II} = 1/3$，$\mu_{II} / \mu_I = 2$，α=30°，图 4.7 绘制出了地表振幅衰减系数 A_R 的变化曲线。从图 4.7 中可以发现，随着埋深的增加，波阻板对地表振幅的隔振效果迅速减小。因此，波阻板的埋深越小隔振效果越好，在实际工程中应根据情况尽量选择较浅的方式埋置波阻板。

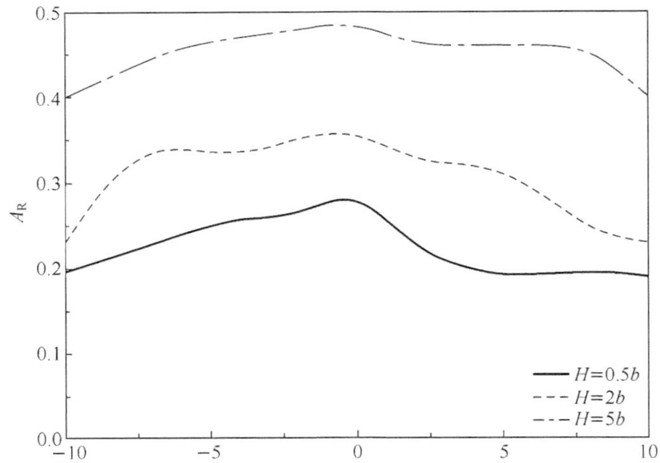

图 4.7　不同波阻板埋深时振幅衰减系数 A_R 变化曲线

3. 弹性波入射角度的影响

为了分析弹性波入射角度对隔振效果的影响，选取 a=4m，b=0.4m，$\rho_I = 2000\text{kg}/\text{m}^3$，$\omega = 10\text{Hz}$，$\mu_I = 8\times10^6\,\text{Pa}$，$k_I = 0.05$，$k_I / k_{II} = 1/3$，$\mu_{II} / \mu_I = 2$，

H=0.5b，图 4.8 绘制出了地表振幅衰减系数 A_R 的变化曲线。由图 4.8 可知，SH 波入射角度α对隔振效果有着明显的影响，随着入射角度的增加，隔振效果明显减小，当α=90°时，隔振效果减小尤为明显。

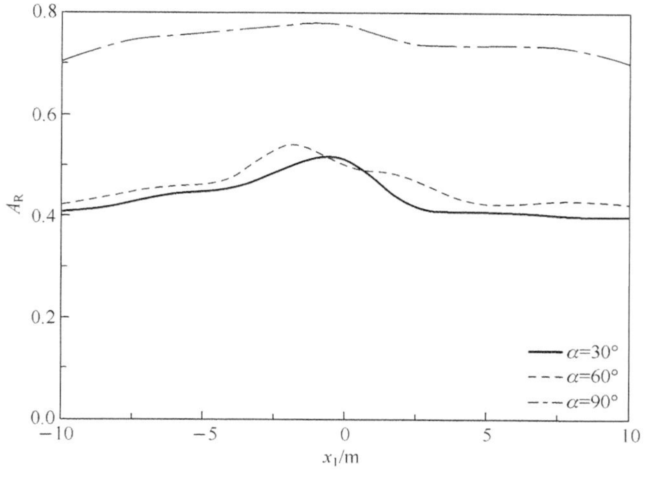

图 4.8　不同入射角度时振幅衰减系数 A_R 的变化曲线

4.3　平面 P 波入射

4.3.1　问题描述

在弹性半空间中埋设长度为 a、宽度为 b 的矩形截面波阻板，地基密度为 ρ_{I}，弹性模量为 E_{I}，剪切模量为 μ_{I}。波阻板中介质的密度为 ρ_{II}，弹性模量为 E_{II}，剪切模量为 μ_{II}。计算模型如图 4.9 所示，H 表示波阻板几何中心与水平地表之间的距离，平面 P 波以入射角度 α 入射。

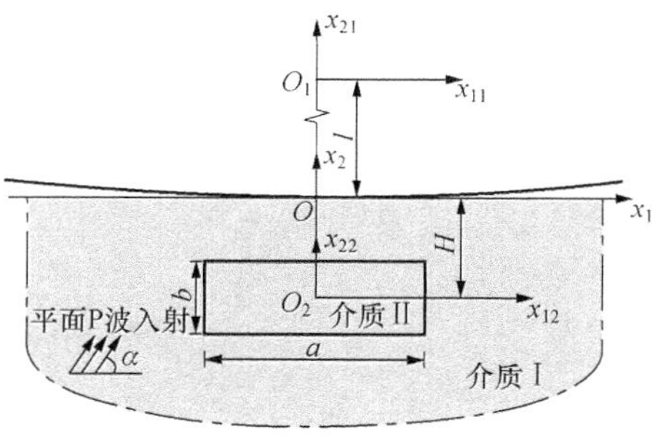

图 4.9　平面 P 波入射下的波阻板计算模型

4.3.2 波场分析

平面P波入射时的入射位移势函数和反射位移势函数在复数坐标系$(z_j,\overline{z}_j)$下的表达式见式（2.50）～式（2.52）。入射波遇到波阻板边界时会向弹性地基中产生散射波，而由于大圆弧的使用，入射波遇到大圆弧边界处也会向弹性地基中产生散射波。同时，入射波也会向波阻板内折射，在波阻板中形成驻波。

大圆弧边界产生的散射波势函数为

$$\varphi_1^{\text{sc}} = \sum_{n=-\infty}^{\infty} A_n H_n^{(1)}(k_{\text{IP}} \mid z_1 \mid)\left(\frac{z_1}{\mid z_1 \mid}\right)^n \tag{4.15a}$$

$$\psi_1^{\text{sc}} = \sum_{n=-\infty}^{\infty} B_n H_n^{(1)}(k_{\text{IS}} \mid z_1 \mid)\left(\frac{z_1}{\mid z_1 \mid}\right)^n \tag{4.15b}$$

式中，k_{IP}、k_{IS}分别为弹性地基中P波和S波的波数。

波阻板边界产生的散射波势函数为

$$\varphi_2^{\text{sc}} = \sum_{n=-\infty}^{\infty} C_n H_n^{(1)}(k_{\text{IP}} \mid z_2 \mid)\left(\frac{z_2}{\mid z_2 \mid}\right)^n \tag{4.16a}$$

$$\psi_2^{\text{sc}} = \sum_{n=-\infty}^{\infty} D_n H_n^{(1)}(k_{\text{IS}} \mid z_2 \mid)\left(\frac{z_2}{\mid z_2 \mid}\right)^n \tag{4.16b}$$

波阻板内产生的折射波为驻波，其势函数可表示为

$$\varphi_2^{\text{tr}} = \sum_{n=-\infty}^{\infty} E_n J_n(k_{\text{IIP}} \mid z_2 \mid)\left(\frac{z_2}{\mid z_2 \mid}\right)^n \tag{4.17a}$$

$$\psi_2^{\text{tr}} = \sum_{n=-\infty}^{\infty} F_n J_n(k_{\text{IIS}} \mid z_2 \mid)\left(\frac{z_2}{\mid z_2 \mid}\right)^n \tag{4.17b}$$

式中，k_{IIP}、k_{IIS}分别为波阻板中P波和S波的波数。

为了后续计算方便，将弹性地基中总的散射场式（4.15）～式（4.17）在任意复数坐标系$\left(z_j,\overline{z}_j\right)$进行表示：

$$\varphi_{j1}^{\text{sc}} = \sum_{n=-\infty}^{\infty} A_n H_n^{(1)}(k_{\text{IP}} |z_j + d_{j1}|)\left(\frac{z_j + d_{j1}}{|z_j + d_{j1}|}\right)^n \tag{4.18a}$$

$$\psi_{j1}^{\text{sc}} = \sum_{n=-\infty}^{\infty} B_n H_n^{(1)}(k_{\text{IS}} \mid z_j + d_{j1} \mid)\left(\frac{z_j + d_{j1}}{|z_j + d_{j1}|}\right)^n \tag{4.18b}$$

$$\varphi_{j2}^{\text{sc}} = \sum_{n=-\infty}^{\infty} C_n H_n^{(1)}(k_{\text{IP}} \mid z_j + d_{j2} \mid)\left(\frac{z_j + d_{j2}}{|z_j + d_{j2}|}\right)^n \tag{4.18c}$$

$$\psi_{j2}^{\mathrm{sc}} = \sum_{n=-\infty}^{\infty} D_n H_n^{(1)}(k_{\mathrm{IS}} \mid z_j + d_{j2} \mid)\left(\frac{z_j + d_{j2}}{|z_j + d_{j2}|}\right)^n \tag{4.18d}$$

至此，弹性地基中总的波场在复数坐标系 $(z_j, \overline{z}_j)$ 可以表示为

$$\varphi_j = \varphi_j^{\mathrm{in}} + \varphi_{j1}^{\mathrm{sc}} + \varphi_{j2}^{\mathrm{sc}} \tag{4.19a}$$

$$\psi_j = \psi_j^{\mathrm{in}} + \psi_{j1}^{\mathrm{sc}} + \psi_{j2}^{\mathrm{sc}} \tag{4.19b}$$

4.3.3　问题求解

基于复变函数保角变换理论，利用保角变换函数 $z = \omega(\zeta)$ 可将 z 平面上矩形波阻板边界变换为 ζ 平面上的单位圆，变换前后的坐标系统如图 4.10 所示。

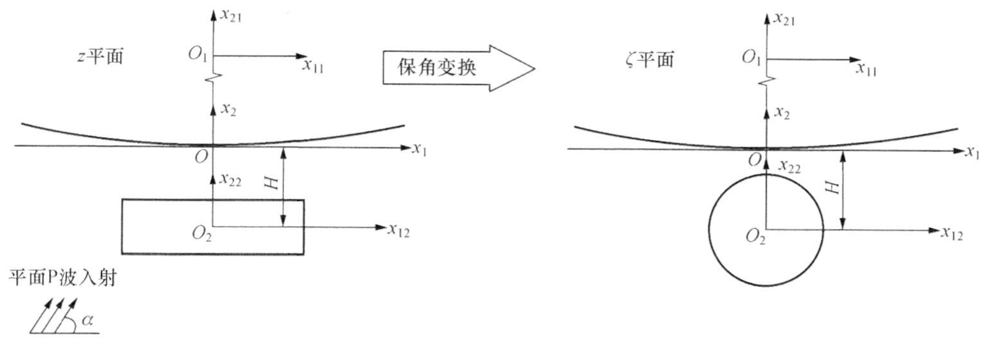

图 4.10　保角变换前后的坐标系统

在波阻板边界处满足应力和位移连续条件，在半空间表面满足应力自由条件：

位移连续

$$u_r(r_2,\theta_2)\big|_{r_2=1} = u_r^f(r_2,\theta_2)\big|_{r_2=1} \tag{4.20a}$$

$$u_\theta(r_2,\theta_2)\big|_{r_2=1} = u_\theta^f(r_2,\theta_2)\big|_{r_2=1} \tag{4.20b}$$

应力连续

$$\sigma_r(r_2,\theta_2)\big|_{r_2=1} = \sigma_r^f(r_2,\theta_2)\big|_{r_2=1} \tag{4.21a}$$

$$\tau_{r\theta}(r_2,\theta_2)\big|_{r_2=1} = \tau_{r\theta}^f(r_2,\theta_2)\big|_{r_2=1} \tag{4.21b}$$

应力自由

$$\sigma_r(r_1,\theta_1)\big|_{r_1=l} = 0 \tag{4.22a}$$

$$\tau_{r\theta}(r_1,\theta_1)\big|_{r_1=l} = 0 \tag{4.22b}$$

将式（4.18）和式（4.20）代入式（2.36）和式（2.37）及式（2.41）和式（2.42）中，并由式（4.20）～式（4.22）可以整理得到如下方程组：

$$\sum_{i=1}^{4}\sum_{n=-\infty}^{\infty}\sum_{k=1}^{2}\sum_{l=1}^{4}k_{il}^{kn}X_{ln}^{k}=Y_{i} \tag{4.23}$$

式中，$X_{1n}^{k}=A_{n}^{k}$，$X_{2n}^{k}=B_{n}^{k}$，$X_{3n}^{1}=0$。$X_{4n}^{1}=0$，$X_{3n}^{2}=C_{n}$，$X_{4n}^{2}=D_{n}$，k_{il}^{kn} 和 Y_{i} 的详细表达式如下：

$$\begin{aligned}k_{11}^{kn}=&-(\lambda_{\mathrm{I}}/\mu_{\mathrm{I}}+1)k_{\mathrm{IIP}}^{2}H_{n}^{(1)}(k_{\mathrm{IIP}}|\omega_{j}(\zeta)-d_{jk}|)\left(\frac{\omega_{j}(\zeta)-d_{jk}}{|\omega_{j}(\zeta)-d_{jk}|}\right)^{n}\\&+\frac{k_{\mathrm{IIP}}^{2}}{2}\frac{\zeta^{2}\omega_{j}'(\zeta)}{\overline{\omega_{j}'(\zeta)}}H_{n-2}^{(1)}(k_{\mathrm{IIP}}|\omega_{j}(\zeta)-d_{jk}|)\left(\frac{\omega_{j}(\zeta)-d_{jk}}{|\omega_{j}(\zeta)-d_{jk}|}\right)^{n-2}\\&+\frac{k_{\mathrm{IIP}}^{2}}{2}\frac{\overline{\zeta}^{2}\overline{\omega_{j}'(\zeta)}}{\omega_{j}'(\zeta)}H_{n+2}^{(1)}(k_{\mathrm{IIP}}|\omega_{j}(\zeta)-d_{jk}|)\left(\frac{\omega_{j}(\zeta)-d_{jk}}{|\omega_{j}(\zeta)-d_{jk}|}\right)^{n+2}\end{aligned}$$

$$\begin{aligned}k_{12}^{kn}=&\frac{\mathrm{i}k_{\mathrm{IIS}}^{2}}{2}\frac{\zeta^{2}\omega_{j}'(\zeta)}{\overline{\omega_{j}'(\zeta)}}H_{n-2}^{(1)}(k_{\mathrm{IIS}}|\omega_{j}(\zeta)-d_{jk}|)\left(\frac{\omega_{j}(\zeta)-d_{jk}}{|\omega_{j}(\zeta)-d_{jk}|}\right)^{n-2}\\&-\frac{\mathrm{i}k_{\mathrm{IIS}}^{2}}{2}\frac{\overline{\zeta}^{2}\overline{\omega_{j}'(\zeta)}}{\omega_{j}'(\zeta)}H_{n+2}^{(1)}(k_{\mathrm{IIS}}|\omega_{j}(\zeta)-d_{jk}|)\left(\frac{\omega_{j}(\zeta)-d_{jk}}{|\omega_{j}(\zeta)-d_{jk}|}\right)^{n+2}\end{aligned}$$

$$\begin{aligned}k_{13}^{kn}=&\delta_{j0}(\lambda_{\mathrm{II}}/\mu_{\mathrm{I}}+\mu_{\mathrm{II}}/\mu_{\mathrm{I}})k_{\mathrm{IIP}}^{2}J_{n}(k_{\mathrm{IIP}}|\omega_{j}(\zeta)|)\left(\frac{\omega_{j}(\zeta)}{|\omega_{j}(\zeta)|}\right)^{n}\\&-\delta_{j0}\frac{(\mu_{\mathrm{II}}/\mu_{\mathrm{I}})k_{\mathrm{IIP}}^{2}}{2}\frac{\zeta^{2}\omega_{j}'(\zeta)}{\overline{\omega_{j}'(\zeta)}}J_{n-2}(k_{\mathrm{IIP}}|\omega_{j}(\zeta)|)\left(\frac{\omega_{j}(\zeta)}{|\omega_{j}(\zeta)|}\right)^{n-2}\\&-\delta_{j0}\frac{(\mu_{\mathrm{II}}/\mu_{\mathrm{I}})k_{\mathrm{IIP}}^{2}}{2}\frac{\overline{\zeta}^{2}\overline{\omega_{j}'(\zeta)}}{\omega_{j}'(\zeta)}J_{n+2}(k_{\mathrm{IIP}}|\omega_{j}(\zeta)|)\left(\frac{\omega_{j}(\zeta)}{|\omega_{j}(\zeta)|}\right)^{n+2}\end{aligned}$$

$$\begin{aligned}k_{14}^{kn}=&-\delta_{j0}\frac{\mathrm{i}(\mu_{\mathrm{II}}/\mu_{\mathrm{I}})k_{\mathrm{IIS}}^{2}}{2}\frac{\zeta^{2}\omega_{j}'(\zeta)}{\overline{\omega_{j}'(\zeta)}}J_{n-2}(k_{\mathrm{IIS}}|\omega_{j}(\zeta)|)\left(\frac{\omega_{j}(\zeta)}{|\omega_{j}(\zeta)|}\right)^{n-2}\\&+\delta_{j0}\frac{\mathrm{i}(\mu_{\mathrm{II}}/\mu_{\mathrm{I}})k_{\mathrm{IIS}}^{2}}{2}\frac{\overline{\zeta}^{2}\overline{\omega_{j}'(\zeta)}}{\omega_{j}'(\zeta)}J_{n+2}(k_{\mathrm{IIS}}|\omega_{j}(\zeta)|)\left(\frac{\omega_{j}(\zeta)}{|\omega_{j}(\zeta)|}\right)^{n+2}\end{aligned}$$

$$k_{21}^{kn}=\frac{\mathrm{i}k_{\mathrm{IP}}^{2}}{2}\frac{\zeta^{2}\omega_{j}'(\zeta)}{\overline{\omega_{j}'(\zeta)}}H_{n-2}^{(1)}(k_{\mathrm{IP}}|\omega_{j}(\zeta)-d_{jk}|)\left(\frac{\omega_{j}(\zeta)-d_{jk}}{|\omega_{j}(\zeta)-d_{jk}|}\right)^{n-2}$$

$$-\frac{\mathrm{i}k_{\mathrm{IP}}^{2}}{2}\frac{\bar{\zeta}^{2}\overline{\omega_j'(\zeta)}}{\omega_j'(\zeta)}H_{n+2}^{(1)}(k_{\mathrm{IP}}\,|\,\omega_j(\zeta)-d_{jk}\,|)\left(\frac{\omega_j(\zeta)-d_{jk}}{|\,\omega_j(\zeta)-d_{jk}\,|}\right)^{n+2}$$

$$k_{22}^{kn}=-\frac{k_{\mathrm{IS}}^{2}}{2}\frac{\zeta^{2}\omega_j'(\zeta)}{\overline{\omega_j'(\zeta)}}H_{n-2}^{(1)}(k_{\mathrm{IS}}\,|\,\omega_j(\zeta)-d_{jk}\,|)\left(\frac{\omega_j(\zeta)-d_{jk}}{|\,\omega_j(\zeta)-d_{jk}\,|}\right)^{n-2}$$

$$-\frac{k_{\mathrm{IS}}^{2}}{2}\frac{\bar{\zeta}^{2}\overline{\omega_j'(\zeta)}}{\omega_j'(\zeta)}H_{n+2}^{(1)}(k_{\mathrm{IS}}\,|\,\omega_j(\zeta)-d_{jk}\,|)\left(\frac{\omega_j(\zeta)-d_{jk}}{|\,\omega_j(\zeta)-d_{jk}\,|}\right)^{n+2}$$

$$k_{23}^{kn}=-\delta_{j2}\frac{(\mu_{\mathrm{II}}/\mu_{\mathrm{I}})k_{\mathrm{IP}}^{2}}{2}\frac{\zeta^{2}\omega_j'(\zeta)}{\overline{\omega_j'(\zeta)}}J_{n-2}(k_{\mathrm{IP}}\,|\,\omega_j(\zeta)\,|)\left(\frac{\omega_j(\zeta)}{|\,\omega_j(\zeta)\,|}\right)^{n-2}$$

$$+\delta_{j2}\frac{(\mu_{\mathrm{II}}/\mu_{\mathrm{I}})k_{\mathrm{IP}}^{2}}{2}\frac{\bar{\zeta}^{2}\overline{\omega_j'(\zeta)}}{\omega_j'(\zeta)}J_{n+2}(k_{\mathrm{IP}}\,|\,\omega_j(\zeta)\,|)\left(\frac{\omega_j(\zeta)}{|\,\omega_j(\zeta)\,|}\right)^{n+2}$$

$$k_{24}^{kn}=\delta_{j2}\frac{(\mu_{\mathrm{II}}/\mu_{\mathrm{I}})k_{\mathrm{IS}}^{2}}{2}\frac{\zeta^{2}\omega_j'(\zeta)}{\overline{\omega_j'(\zeta)}}J_{n-2}(k_{\mathrm{IS}}\,|\,\omega_j(\zeta)\,|)\left(\frac{\omega_j(\zeta)}{|\,\omega_j(\zeta)\,|}\right)^{n-2}$$

$$+\delta_{j2}\frac{(\mu_{\mathrm{II}}/\mu_{\mathrm{I}})k_{\mathrm{IS}}^{2}}{2}\frac{\bar{\zeta}^{2}\overline{\omega_j'(\zeta)}}{\omega_j'(\zeta)}J_{n+2}(k_{\mathrm{IS}}\,|\,\omega_j(\zeta)\,|)\left(\frac{\omega_j(\zeta)}{|\,\omega_j(\zeta)\,|}\right)^{n+2}$$

$$k_{31}^{kn}=\frac{k_{\mathrm{IP}}}{2}\frac{\zeta\omega_j'(\zeta)}{|\omega_j'(\zeta)|}H_{n-1}^{(1)}(k_{\mathrm{IIP}}|\omega_j(\zeta)-d_{jk}|)\left(\frac{\omega_j(\zeta)-d_{jk}}{|\omega_j(\zeta)-d_{jk}|}\right)^{n-1}$$

$$+\frac{k_{\mathrm{IP}}}{2}\frac{\bar{\zeta}\,\overline{\omega_j'(\zeta)}}{|\omega_j'(\zeta)|}H_{n+1}^{(1)}(k_{\mathrm{IIP}}|\omega_j(\zeta)-d_{jk}|)\left(\frac{\omega_j(\zeta)-d_{jk}}{|\omega_j(\zeta)-d_{jk}|}\right)^{n+1}$$

$$k_{32}^{kn}=\frac{\mathrm{i}k_{\mathrm{IIS}}}{2}\frac{\zeta\omega_j'(\zeta)}{|\omega_j'(\zeta)|}H_{n-1}^{(1)}(k_{\mathrm{IIS}}|\omega_j(\zeta)-d_{jk}|)\left(\frac{\omega_j(\zeta)-d_{jk}}{|\omega_j(\zeta)-d_{jk}|}\right)^{n-1}$$

$$-\frac{\mathrm{i}k_{\mathrm{IIS}}}{2}\frac{\bar{\zeta}\,\overline{\omega_j'(\zeta)}}{|\omega_j'(\zeta)|}H_{n+1}^{(1)}(k_{\mathrm{IIS}}|\omega_j(\zeta)-d_{jk}|)\left(\frac{\omega_j(\zeta)-d_{jk}}{|\omega_j(\zeta)-d_{jk}|}\right)^{n+1}$$

$$k_{33}^{kn}=-\delta_{j2}\frac{k_{\mathrm{IIP}}}{2}\frac{\zeta\omega_j'(\zeta)}{|\omega_j'(\zeta)|}J_{n-1}(k_{\mathrm{IIP}}\,|\,\omega_j(\zeta)\,|)\left(\frac{\omega_j(\zeta)}{|\,\omega_j(\zeta)\,|}\right)^{n-1}$$

$$+\delta_{j2}\frac{k_{\mathrm{IIP}}}{2}\frac{\bar{\zeta}\,\overline{\omega_j'(\zeta)}}{|\omega_j'(\zeta)|}J_{n+1}(k_{\mathrm{IIP}}\,|\,\omega_j(\zeta)\,|)\left(\frac{\omega_j(\zeta)}{|\,\omega_j(\zeta)\,|}\right)^{n+1}$$

$$k_{34}^{kn}=-\delta_{j2}\frac{\mathrm{i}k_{\mathrm{IIS}}}{2}\frac{\zeta\omega_j'(\zeta)}{\left|\omega_j'(\zeta)\right|}J_{n-1}(k_{\mathrm{IIS}}\,|\,\omega_j(\zeta)\,|)\left(\frac{\omega_j(\zeta)}{|\,\omega_j(\zeta)\,|}\right)^{n-1}$$

$$+\delta_{j2}\frac{\mathrm{i}k_{\mathrm{IIS}}}{2}\frac{\bar{\zeta}\,\overline{\omega_j'(\zeta)}}{\left|\omega_j'(\zeta)\right|}J_{n+1}(k_{\mathrm{IIS}}\,|\,\omega_j(\zeta)\,|)\left(\frac{\omega_j(\zeta)}{|\,\omega_j(\zeta)\,|}\right)^{n+1}$$

$$k_{41}^{kn}=\frac{\mathrm{i}k_{\mathrm{IP}}}{2}\frac{\zeta\omega_j'(\zeta)}{\left|\omega_j'(\zeta)\right|}H_{n-1}(k_{\mathrm{IP}}\,|\,\omega_j(\zeta)-d_{jk}\,|)\left(\frac{\omega_j(\zeta)-d_{jk}}{|\,\omega_j(\zeta)-d_{jk}\,|}\right)^{n-1}$$

$$-\frac{\mathrm{i}k_{\mathrm{IP}}}{2}\frac{\zeta\omega_j'(\zeta)}{\left|\omega_j'(\zeta)\right|}H_{n+1}(k_{\mathrm{IP}}\,|\,\omega_j(\zeta)-d_{jk}\,|)\left(\frac{\omega_j(\zeta)-d_{jk}}{|\,\omega_j(\zeta)-d_{jk}\,|}\right)^{n+1}$$

$$k_{42}^{kn}=-\frac{k_{\mathrm{IS}}}{2}\frac{\zeta\omega_j'(\zeta)}{\left|\omega_j'(\zeta)\right|}H_{n-1}^{(1)}(k_{\mathrm{IS}}\,|\,\omega_j(\zeta)-d_{jk}\,|)\left(\frac{\omega_j(\zeta)-d_{jk}}{|\,\omega_j(\zeta)-d_{jk}\,|}\right)^{n-1}$$

$$+\frac{k_{\mathrm{IS}}}{2}\frac{\bar{\zeta}\,\overline{\omega_j'(\zeta)}}{\left|\omega_j'(\zeta)\right|}H_{n+1}^{(1)}(k_{\mathrm{IS}}\,|\,\omega_j(\zeta)-d_{jk}\,|)\left(\frac{\omega_j(\zeta)-d_{jk}}{|\,\omega_j(\zeta)-d_{jk}\,|}\right)^{n+1}$$

$$k_{43}^{kn}=-\delta_{j2}\frac{\mathrm{i}k_{\mathrm{IIP}}}{2}\frac{\zeta\omega_j'(\zeta)}{\left|\omega_j'(\zeta)\right|}J_{n-1}(k_{\mathrm{IIP}}\,|\,\omega_j(\zeta)\,|)\left(\frac{\omega_j(\zeta)}{|\,\omega_j(\zeta)\,|}\right)^{n-1}$$

$$-\delta_{j2}\frac{\mathrm{i}k_{\mathrm{IIP}}}{2}\frac{\bar{\zeta}\,\overline{\omega_j'(\zeta)}}{\left|\omega_j'(\zeta)\right|}J_{n+1}(k_{\mathrm{IIP}}\,|\,\omega_j(\zeta)\,|)\left(\frac{\omega_j(\zeta)}{|\,\omega_j(\zeta)\,|}\right)^{n+1}$$

$$k_{44}^{kn}=\delta_{j2}\frac{\mathrm{i}k_{\mathrm{IIS}}}{2}\frac{\zeta\omega_j'(\zeta)}{\left|\omega_j'(\zeta)\right|}J_{n-1}(k_{\mathrm{IIS}}\,|\,\omega_j(\zeta)\,|)\left(\frac{\omega_j(\zeta)}{|\,\omega_j(\zeta)\,|}\right)^{n-1}$$

$$-\delta_{j2}\frac{\mathrm{i}k_{\mathrm{IIS}}}{2}\frac{\bar{\zeta}\,\overline{\omega_j'(\zeta)}}{\left|\omega_j'(\zeta)\right|}J_{n+1}(k_{\mathrm{IIS}}\,|\,\omega_j(\zeta)\,|)\left(\frac{\omega_j(\zeta)}{|\,\omega_j(\zeta)\,|}\right)^{n+1}$$

$$Y_1=k_{\mathrm{IP}}^2\left[(\lambda_{\mathrm{I}}/\mu_{\mathrm{I}}+1)+\frac{\zeta^2\omega_j'(\zeta)}{2\overline{\omega_j'(\zeta)}}\mathrm{e}^{-\mathrm{i}2\alpha}+\frac{\bar{\zeta}^2\overline{\omega_j'(\zeta)}}{2\omega_j'(\zeta)}\mathrm{e}^{\mathrm{i}2\alpha}\right]\varphi_j^{\mathrm{in}}$$

$$+k_{\mathrm{IP}}^2\left[(\lambda_{\mathrm{I}}/\mu_{\mathrm{I}}+1)+\frac{\zeta^2\omega_j'(\zeta)}{2\overline{\omega_j'(\zeta)}}\mathrm{e}^{-\mathrm{i}2\alpha}+\frac{\bar{\zeta}^2\overline{\omega_j'(\zeta)}}{2\omega_j'(\zeta)}\mathrm{e}^{\mathrm{i}2\alpha}\right]\varphi_j^{\mathrm{re}}$$

$$+\mathrm{i}k_{\mathrm{IS}}^2\left[\frac{\zeta^2\omega_j'(\zeta)}{2\overline{\omega_j'(\zeta)}}\mathrm{e}^{\mathrm{i}2\beta}-\frac{\bar{\zeta}^2\overline{\omega_j'(\zeta)}}{2\omega_j'(\zeta)}\mathrm{e}^{-\mathrm{i}2\beta}\right]\psi_j^{\mathrm{re}}$$

$$Y_2=\mathrm{i}k_{\mathrm{IP}}^2\left[\frac{\zeta^2\omega_j'(\zeta)}{2\overline{\omega_j'(\zeta)}}\mathrm{e}^{-\mathrm{i}2\alpha}-\frac{\bar{\zeta}^2\overline{\omega_j'(\zeta)}}{2\omega_j'(\zeta)}\mathrm{e}^{\mathrm{i}2\alpha}\right]\varphi_j^{\mathrm{in}}$$

$$
+\mathrm{i}k_{\mathrm{IP}}^2\left[\frac{\zeta^2\omega_j'(\zeta)}{2\overline{\omega_j'(\zeta)}}\mathrm{e}^{\mathrm{i}2\alpha}-\frac{\bar{\zeta}^2\overline{\omega_j'(\zeta)}}{2\omega_j'(\zeta)}\mathrm{e}^{-\mathrm{i}2\alpha}\right]\varphi_j^{\mathrm{re}}
$$

$$
-k_{\mathrm{IS}}^2\left[\frac{\zeta^2\omega_j'(\zeta)}{2\overline{\omega_j'(\zeta)}}\mathrm{e}^{\mathrm{i}2\beta}+\frac{\bar{\zeta}^2\overline{\omega_j'(\zeta)}}{2\omega_j'(\zeta)}\mathrm{e}^{-\mathrm{i}2\beta}\right]\psi_j^{\mathrm{re}}
$$

$$
Y_3=-\mathrm{i}k_{\mathrm{IP}}\left[\frac{\zeta\omega_j'(\zeta)}{|\omega_j'(\zeta)|}\mathrm{e}^{-\mathrm{i}\alpha}+\frac{\bar{\zeta}\overline{\omega_j'(\zeta)}}{|\omega_j'(\zeta)|}\mathrm{e}^{\mathrm{i}\alpha}\right]\varphi_j^{\mathrm{in}}
$$

$$
+\mathrm{i}k_{\mathrm{IP}}\left[\frac{\zeta\omega_j'(\zeta)}{|\omega_j'(\zeta)|}\mathrm{e}^{-\mathrm{i}\alpha}+\frac{\bar{\zeta}\overline{\omega_j'(\zeta)}}{|\omega_j'(\zeta)|}\mathrm{e}^{\mathrm{i}\alpha}\right]\varphi_j^{\mathrm{re}}
$$

$$
+\mathrm{i}k_{\mathrm{IS}}\left[\frac{\zeta\omega_j'(\zeta)}{|\omega_j'(\zeta)|}\mathrm{e}^{\mathrm{i}\beta}-\frac{\bar{\zeta}\overline{\omega_j'(\zeta)}}{|\omega_j'(\zeta)|}\mathrm{e}^{-\mathrm{i}\beta}\right]\psi_j^{\mathrm{re}}
$$

$$
Y_4=k_{\mathrm{IP}}\left[\frac{\zeta\omega_j'(\zeta)}{|\omega_j'(\zeta)|}\mathrm{e}^{-\mathrm{i}\alpha}+\frac{\bar{\zeta}\overline{\omega_j'(\zeta)}}{|\omega_j'(\zeta)|}\mathrm{e}^{\mathrm{i}\alpha}\right]\varphi_j^{\mathrm{in}}
$$

$$
-\mathrm{i}k_{\mathrm{IP}}\left[\frac{\zeta\omega_j'(\zeta)}{|\omega_j'(\zeta)|}\mathrm{e}^{-\mathrm{i}\alpha}+\frac{\bar{\zeta}\overline{\omega_j'(\zeta)}}{|\omega_j'(\zeta)|}\mathrm{e}^{\mathrm{i}\alpha}\right]\varphi_j^{\mathrm{re}}
$$

$$
-\mathrm{i}k_{\mathrm{IS}}\left[\frac{\zeta\omega_j'(\zeta)}{|\omega_j'(\zeta)|}\mathrm{e}^{\mathrm{i}\beta}-\frac{\bar{\zeta}\overline{\omega_j'(\zeta)}}{|\omega_j'(\zeta)|}\mathrm{e}^{-\mathrm{i}\beta}\right]\psi_j^{\mathrm{re}}
$$

式中，δ_{j2} 为克罗内克（Kronecker）符号，$\delta_{j2}=0(j\neq 2)$，$\delta_{j2}=1(j=2)$。

计算方程（4.23）时，需要对波函数展开项 n 截取有效项数（满足一定的计算精度），为了将其处理成一个方阵，在方程组的两边同时乘以 $\mathrm{e}^{-\mathrm{i}m\theta_j}$ $(m=0,\pm1,\pm2,\cdots)$，并对方程两边关于变量 θ_j 在区间 $[0,2\pi]$ 上求积分，经过整理，最终得到关于待定复系数 X_{ln}^k 的理论解的无穷阶线性方程组：

$$
\sum_{i=1}^{4}\sum_{n=-\infty}^{\infty}\sum_{k=1}^{2}\sum_{l=1}^{4}K_{il}^{knm}X_{ln}^{k}=Y_i^m \tag{4.24}
$$

式中

$$
K_{il}^{knm}=\int_0^{2\pi}k_{il}^{kn}\mathrm{e}^{-\mathrm{i}m\theta_j}\,\mathrm{d}\theta_j,\quad Y_i^m=\int_0^{2\pi}Y_i\mathrm{e}^{-\mathrm{i}m\theta_j}\,\mathrm{d}\theta_j
$$

至此，弹性地基中散射场和波阻板中透射波的未知系数均可得到理论解答。

4.3.4　隔振效果分析

为验证解答的正确性，考虑取波阻板密度 $\rho_{\mathrm{II}}=\rho_{\mathrm{I}}=1950\mathrm{kg/m^3}$，弹性模量 $E_{\mathrm{II}}=E_{\mathrm{I}}=35\mathrm{MPa}$，剪切模量 $\mu_{\mathrm{II}}=\mu_{\mathrm{I}}=13.3\mathrm{MPa}$，即将本节模型退化为无波阻板的半空间自由场问题，并将计算结果与 P 波入射半空间自由表面的动力响应解答进行

对比[11]。如图 4.11 所示，本节的位移幅值与自由场位移幅值吻合，说明本节计算方法的正确性和有效性。

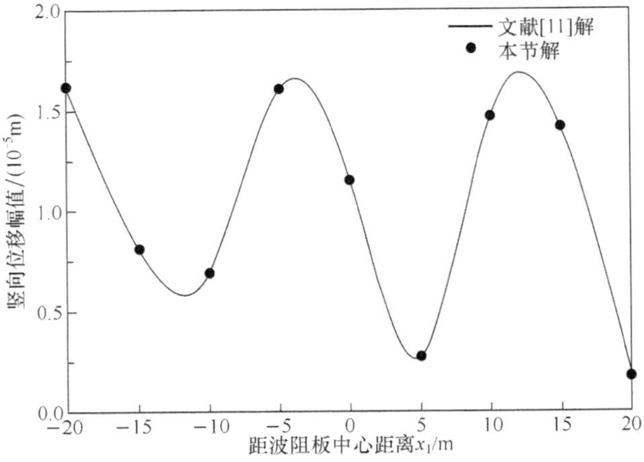

图 4.11　P 波入射下地表竖向位移幅值对比

算例中以 b=1m、a=4m 的波阻板为例，并选取上述地基物理力学特性参数，另外考察了不同 Bessel 级数展开项对位移幅值的影响，如图 4.12 所示，发现当级数 n=10 时，级数展开项对位移幅值的影响趋于稳定，因此本书取 n=10 进行计算。

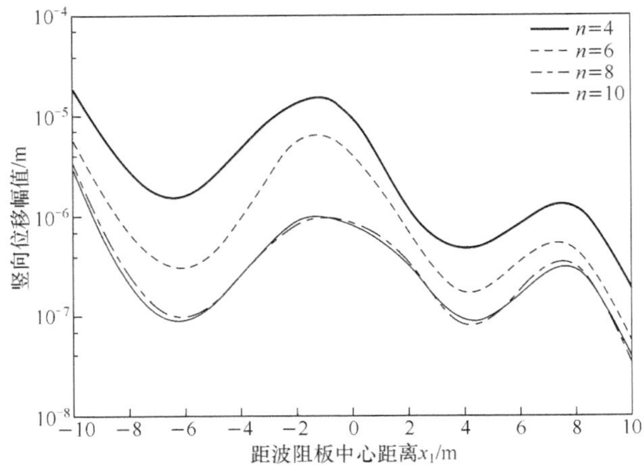

图 4.12　不同 n 值时地表竖向位移振幅变化曲线

分析波阻板埋置深度对隔振效果的影响，选取 $\mu_{\mathrm{II}}/\mu_{\mathrm{I}}=2$，$\alpha=30°$，$f=10\mathrm{Hz}$。考虑波阻板的埋置深度分别为 0.5$b$、1.0$b$ 和 3.0b，并给出了这三种情况下的振幅衰减系数变化曲线，如图 4.13 所示。对比波阻板两侧的 A_{R} 值，可以发现在地基中埋设波阻板可以达到一定的隔振效果。然而，由隔振后区域内的 A_{R}

值可见，随着埋置深度的增加，隔振效果反而逐渐降低，因此，在隔振工程中，波阻板埋深不宜过大，0.5*b*～1.0*b* 即可达到较好的隔振效果。

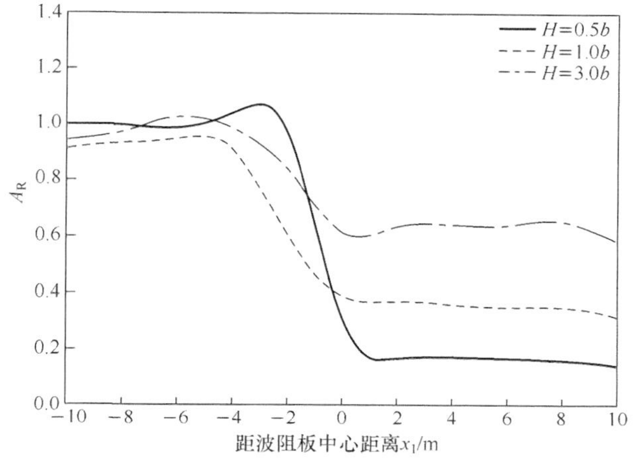

图 4.13 不同埋深时 A_R 变化曲线

分析波阻板剪切模量比（μ_{II}/μ_{I}）对隔振效果的影响，选取 $H=1.0b$，$\alpha=30°$，$f=10Hz$。图 4.14 给出了剪切模量比 $\mu_{II}/\mu_{I}=1,2,4$ 时的振幅衰减系数变化曲线。如图 4.14 可见，剪切模量比是影响波阻板隔振效果的重要因素，当 $\mu_{II}/\mu_{I}=1$ 时，可以达到 20%的隔振效果，当剪切模量比增大时，在波阻板内部激发的波场更加强烈，隔振效果显著提高。因此，在实际工程中应根据需要选择合理的剪切模量比。

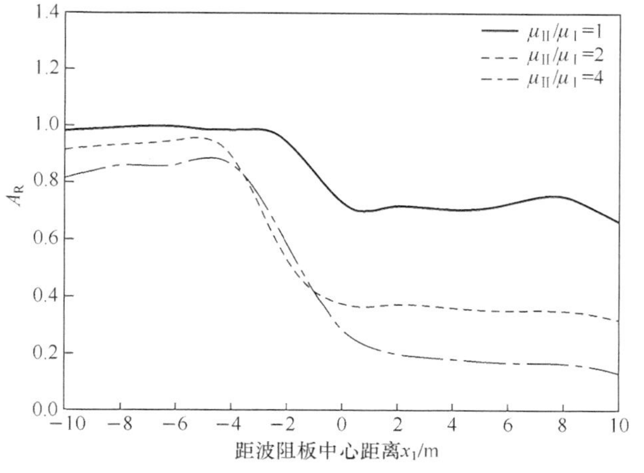

图 4.14 不同剪切模量比时 A_R 变化曲线

分析弹性波入射角度对隔振效果的影响，选取 $\mu_{II}/\mu_{I}=2$，$H=1.0b$，$f=10Hz$。当弹性波入射角度分别为 30°、60°和 90°时，如图 4.15 所示，入射角度为 30°时的 A_R 值显著小于入射角度为 90°时的 A_R 值，表明随着入射角度的增加，波阻板隔振效果逐渐降低。

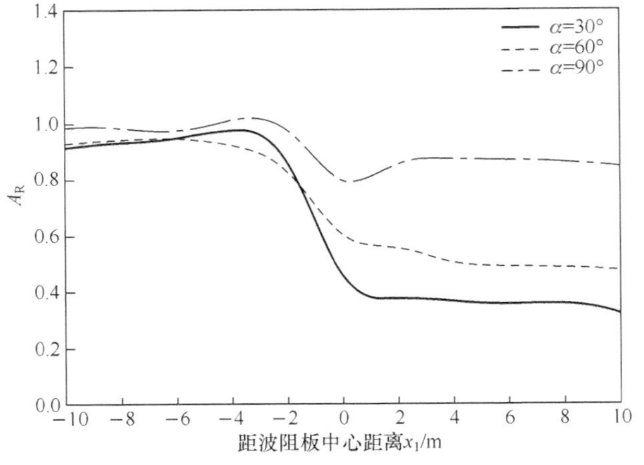

图 4.15　不同入射角度时 A_R 变化曲线

分析弹性波频率对隔振效果的影响，选取 $\mu_{II}/\mu_{I}=2$，$H=1.0b$，$\alpha=30°$，图 4.16 为不同入射频率时的 A_R 曲线，由此可知，波阻板对低频波的隔振效果优于高频波。

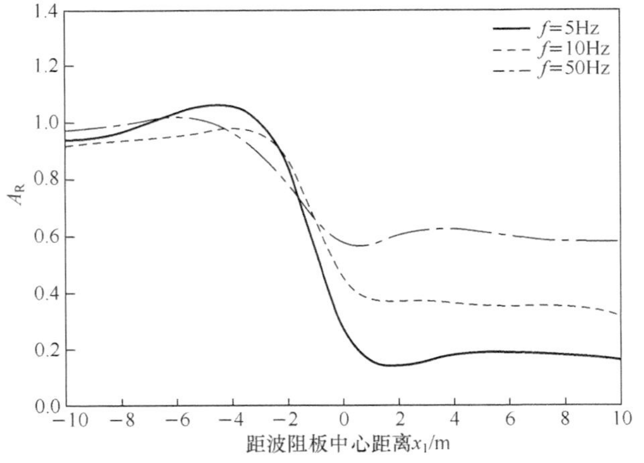

图 4.16　不同入射频率时 A_R 变化曲线

4.4　Rayleigh 波入射

4.4.1　问题描述

在弹性地基中埋设长度为 a、宽度为 b 的矩形截面波阻板，地基密度为 ρ_I，

弹性模量为 E_{I}，剪切模量为 μ_{I}。波阻板中介质的密度为 ρ_{II}，弹性模量为 E_{II}，剪切模量为 μ_{II}。Rayleigh 波入射下的波阻板计算模型，如图 4.17 所示，H 表示波阻板几何中心与水平地表之间的距离。

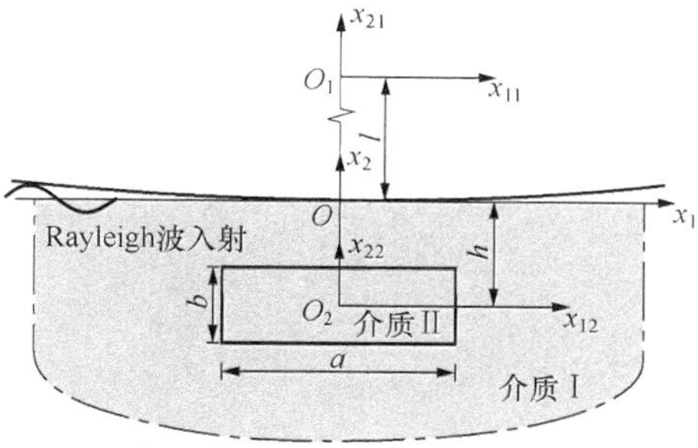

图 4.17　Rayleigh 波入射下的波阻板计算模型

4.4.2　波场分析

Rayleigh 波入射时的入射位移势函数和反射位移势函数在复数坐标系 $(z_j,\bar{z}_j)$ 下的表达式可见式（2.65）和式（2.66）。弹性地基中的散射场及波阻板中的透射波场表达式见式（4.15）～式（4.19）。

4.4.3　问题求解

半空间中波阻板对 Rayleigh 波散射问题的求解方法与半空间中波阻板对 P 波入射而引起散射问题的求解方法一样，只需将方程组中的元素 Y_i 改写为

$$Y_1 = (\lambda_{\text{I}}/\mu_{\text{I}}+1)k_{\text{P}}^2\varphi^{\text{in}} + \left[\frac{k_{\text{RP1}}^2}{2}\varphi^{\text{in}} + \text{i}\frac{k_{\text{RS1}}^2}{2}\psi^{\text{in}}\right]\text{e}^{2\text{i}\gamma} + \left[\frac{k_{\text{RP2}}^2}{2}\varphi^{\text{in}} - \text{i}\frac{k_{\text{RS2}}^2}{2}\psi^{\text{in}}\right]\text{e}^{-2\text{i}\gamma}$$

$$Y_2 = \text{i}\left[\frac{k_{\text{RP1}}^2}{2}\varphi^{\text{in}} + \text{i}\frac{k_{\text{RS1}}^2}{2}\psi^{\text{in}}\right]\text{e}^{2\text{i}\gamma} - \text{i}\left[\frac{k_{\text{RP2}}^2}{2}\varphi^{\text{in}} - \text{i}\frac{k_{\text{RS2}}^2}{2}\psi^{\text{in}}\right]\text{e}^{-2\text{i}\gamma}$$

$$Y_3 = -\text{i}\left[\frac{k_{\text{RP1}}}{2}\varphi^{\text{in}} + \text{i}\frac{k_{\text{RS1}}}{2}\psi^{\text{in}}\right]\text{e}^{\text{i}\gamma} + \text{i}\left[\frac{k_{\text{RP2}}}{2}\varphi^{\text{in}} - \text{i}\frac{k_{\text{RS2}}}{2}\psi^{\text{in}}\right]\text{e}^{-\text{i}\gamma}$$

$$Y_4 = -\left[\frac{k_{\text{RP1}}}{2}\varphi^{\text{in}} + \text{i}\frac{k_{\text{RS1}}}{2}\psi^{\text{in}}\right]\text{e}^{\text{i}\gamma} + \left[\frac{k_{\text{RP2}}}{2}\varphi^{\text{in}} - \text{i}\frac{k_{\text{RS2}}}{2}\psi^{\text{in}}\right]\text{e}^{-\text{i}\gamma}$$

4.4.4　隔振效果分析

为验证本节解答的正确性，取波阻板密度 $\rho_{\text{II}} = \rho_{\text{I}} = 1950\text{kg/m}^3$，弹性模量 $E_{\text{II}} = E_{\text{I}} = 35\text{MPa}$，剪切模量 $\mu_{\text{II}} = \mu_{\text{I}} = 13.3\text{MPa}$，即将本节模型退化为无波阻板的半空间自由场问题，并将计算结果与 Rayleigh 波入射半空间自由表面的动力响应

解答进行对比[11]。如图 4.18 所示，本节的位移幅值与自由场位移幅值吻合，说明本节计算方法的正确性和有效性。

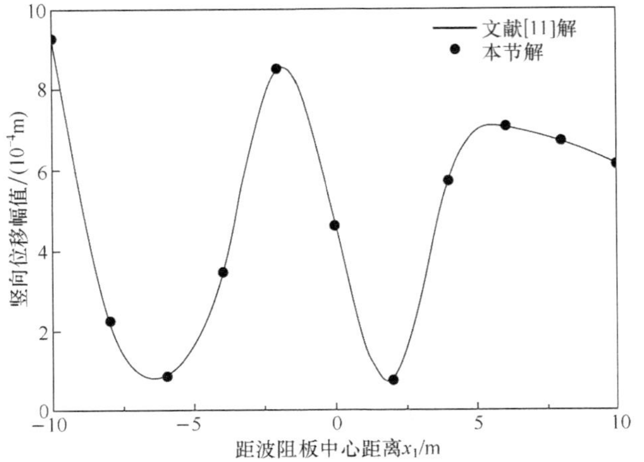

图 4.18　Rayleigh 波入射下地表竖向位移幅值对比

在无穷线性方程组求解待定系数时需要通过取有限项的方法实现，图 4.19 给出了 n 取不同项时的计算结果，当截断项数取 n=10 时满足计算精度要求，因此这里取 n=10 进行计算。

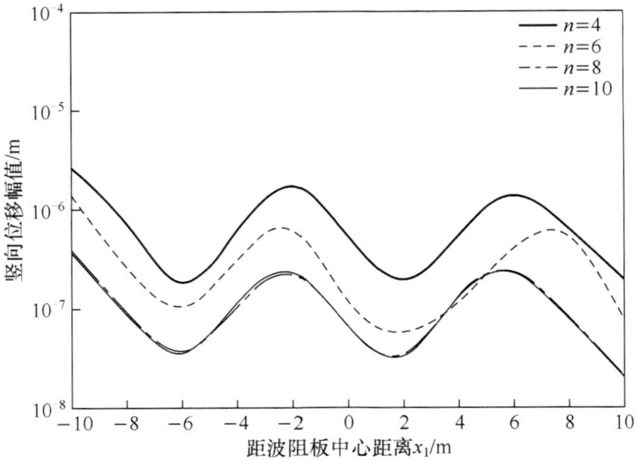

图 4.19　不同 n 值时地表竖向位移变化曲线

分析波阻板埋置深度对隔振效果的影响，选取 $\mu_{\text{II}} / \mu_{\text{I}} = 2$， $f = 10\text{Hz}$ 。考虑波阻板的埋置深度分别为 0.5b、1.0b 和 5.0b，并给出了这三种情况下的振幅衰减系数变化曲线，如图 4.20 所示。由图 4.20 可知，当波阻板埋置深度较浅时，能阻隔大部分振动波，具有较好的隔振效果，因波阻板与地基表面仍有一定距离，因而波阻板后侧隔振效果要弱于波阻板上方，且随着埋置深度接近 Rayleigh 波长时，隔振效果明显降低。

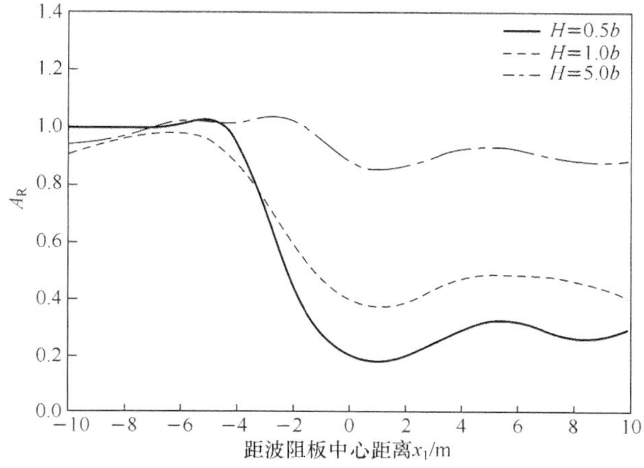

图 4.20　不同埋深时 A_R 变化曲线

分析波阻板剪切模量比对隔振效果的影响，选取 $h=1.0b$， $f=10\text{Hz}$ 。不同剪切模量比的振幅衰减系数曲线如图 4.21 所示。当剪切模量比增加时，无论是波阻板上方还是后侧隔振区域，隔振效果明显提高。因此，提高剪切模量比是提升隔振效果的有效措施。

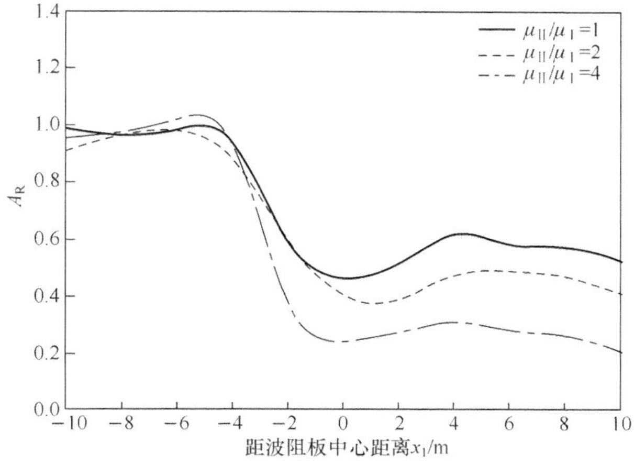

图 4.21　不同剪切模量比时 A_R 变化曲线

分析弹性波频率对隔振效果的影响，选取 $\mu_{II}/\mu_I=2$， $H=1.0b$ 。图 4.22 为不同入射频率时的振幅衰减系数曲线，由此可知，随着入射波频率增大，波阻板隔振效果降低。因此，波阻板对低频波的隔振效果好于高频波。

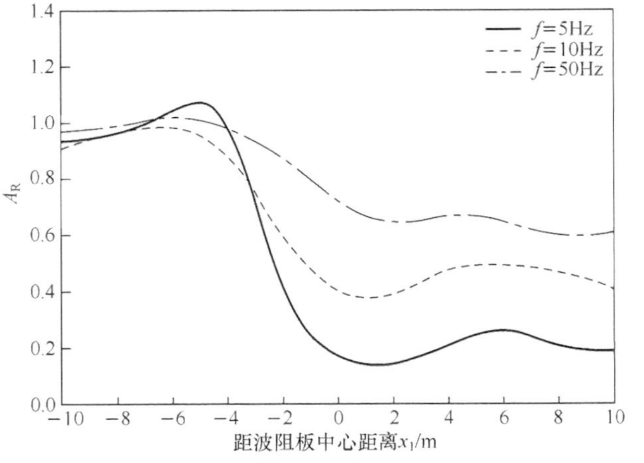

图 4.22　不同入射频率时 A_R 变化曲线

参 考 文 献

[1] WOODS R D. Screening of surface waves in soils[J]. Journal of the Soil Mechanics and Foundations Division，ASCE. 1968，94（4）：951-979.

[2] 焦欧阳，周凤玺，王根强，等. 公路交通荷载作用下波阻板隔振效果试验分析[J]. 噪声与振动控制，2018，38（1）：160-163.

[3] 梁玉旺，周凤玺，郝磊超. 波阻板对 Rayleigh 波的散射及其隔振性能分析[J]. 地震工程与工程振动，2022，42（4）：162-168.

[4] 梁玉旺，周凤玺，郝磊超. 波阻板对平面 P-SV 波的散射及其隔振性能分析[J]. 噪声与振动控制，2023，43（1）：31-36，42.

[5] 马强，周凤玺，刘杰. 梯度波阻板的地基振动控制研究[J]. 力学学报，2017，49（6）：1360-1369.

[6] 周凤玺，马强，赖远明. 含液饱和多孔波阻板的地基振动控制研究[J]. 振动与冲击，2016，35（1）：96-105.

[7] 周凤玺，郑琦. 二维地基波阻板隔振的复变函数解[J]. 振动与冲击，2019，38（12）：162-167.

[8] CHOUW N，LE R，SCHMID G. An approach to reduce foundation vibrations and soil waves using dynamic transmitting behavior of a soil layer[J]. Bauingenieur，1991，66：215-221.

[9] CHOUW N，LE R，SCHMID G. Propagation of vibration in a soil layer over bedrock [J]. Engineering Analysis with Boundary Elements[J]. 1991，8（3）：125-131.

[10] 王贻荪. 地面波动分析若干问题[J]. 建筑结构学报，1982，3（2）：56-67.

[11] 吴世明. 土动力学[M]. 北京：中国建筑工业出版社，2000.

第 5 章　层合波阻板隔振屏障

5.1　引　　言

以往的研究和应用仅限于均质波阻板对弹性地基或饱和土地基隔振效果的情形，而非饱和土是土体在自然界更为普遍的一种存在状态，弹性地基或两相饱和土地基难以模拟场地土介质的实际情况，需要将研究对象投向更符合实际的具有普遍性的非饱和土地基。此外，波阻板隔振屏障对中低频振动具有很好的隔振效果，但对高频振动远场易出现放大现象这一不足[1-4]。因此，考虑均质波阻板自身隔振的特点，基于多层薄层介质交界面差异性越大振动波透反射效应越显著和滤波的特性，提出了由多层薄板组合而成的“层合波阻板”的新型地基隔振体系[5-8]。在振源作用下层合波阻板作为整体可对中低频振动波进行有效拦截。在此基础之上，层合波阻板层间薄板选择物性参数不同的材料，设计调控层间薄板交界面处的最优波阻抗比过滤掉高频振动波，以此弥补波阻板对高频振动容易放大的不足，从而解决环境振动中的隔振难题[9-13]。因此，采用层合波阻板隔振体系比目前单独使用均质波阻板更加具有可设计性和针对性。

5.2　非饱和土的波动方程

考虑非饱和土是由固-液-气组成的多孔多相复杂结构，分别由上标“S”、“L”和“G”表示各相组分，在本章中用符号 α 分别定义各相组分，即 $\alpha=\mathrm{S}$，L，G。用 n_α 表示 α 相介质的体积分数，可以由孔隙率 n 和饱和度 S_r 表示，即 $n^\mathrm{S}=1-n$，$n^\mathrm{L}=nS_\mathrm{r}$，$n^\mathrm{G}=n(1-S_\mathrm{r})$。

基于多孔介质混合物理论，陈炜昀等[5]提出了非饱和孔隙介质的波动方程：

$$n^\mathrm{S}\rho^\mathrm{S}\ddot{\boldsymbol{u}}^\mathrm{S}=(\gamma_\mathrm{SS}+n^\mathrm{S}\lambda_\mathrm{S}+n^\mathrm{S}\mu_\mathrm{S})\nabla(\nabla\cdot\boldsymbol{u}^\mathrm{S})+n^\mathrm{S}\mu_\mathrm{S}\nabla^2\boldsymbol{u}^\mathrm{S}+\gamma_\mathrm{SL}\nabla(\nabla\cdot\boldsymbol{u}^\mathrm{L})+\gamma_\mathrm{SG}\nabla(\nabla\cdot\boldsymbol{u}^\mathrm{G})+\zeta_\mathrm{L}(\dot{\boldsymbol{u}}^\mathrm{L}-\dot{\boldsymbol{u}}^\mathrm{S})+\zeta_\mathrm{G}(\dot{\boldsymbol{u}}^\mathrm{G}-\dot{\boldsymbol{u}}^\mathrm{S}) \tag{5.1}$$

$$n^\mathrm{L}\rho^\mathrm{L}\ddot{\boldsymbol{u}}^\mathrm{L}=\gamma_\mathrm{SL}\nabla(\nabla\cdot\boldsymbol{u}^\mathrm{S})+\gamma_\mathrm{LL}\nabla(\nabla\cdot\boldsymbol{u}^\mathrm{L})+\gamma_\mathrm{LG}\nabla(\nabla\cdot\boldsymbol{u}^\mathrm{G})-\zeta_\mathrm{L}(\dot{\boldsymbol{u}}^\mathrm{L}-\dot{\boldsymbol{u}}^\mathrm{S}) \tag{5.2}$$

$$n^\mathrm{G}\rho^\mathrm{G}\ddot{\boldsymbol{u}}^\mathrm{G}=\gamma_\mathrm{SG}\nabla(\nabla\cdot\boldsymbol{u}^\mathrm{S})+\gamma_\mathrm{LG}\nabla(\nabla\cdot\boldsymbol{u}^\mathrm{L})+\gamma_\mathrm{GG}\nabla(\nabla\cdot\boldsymbol{u}^\mathrm{G})-\zeta_\mathrm{G}(\dot{\boldsymbol{u}}^\mathrm{G}-\dot{\boldsymbol{u}}^\mathrm{S}) \tag{5.3}$$

式中，$\boldsymbol{u}^{\alpha}$ 为 α 相介质的位移矢量；$\dot{\boldsymbol{u}}^{\alpha}$ 和 $\ddot{\boldsymbol{u}}^{\alpha}$ 分别为 α 相介质的速度与加速度；ρ^{α} 为 α 相介质的密度；ζ_{L} 和 ζ_{G} 分别为固体骨架与液体和气体之间的黏滞力参数；λ_{S} 和 μ_{S} 为非饱和多孔介质骨架的 Lamé 常数；∇^2 为 Laplace 算子；系数 γ_{SS}、γ_{LL}、γ_{GG}、γ_{SL}、γ_{SG} 和 γ_{LG} 为孔隙介质参数。

相对渗透系数可用 $k_{\mathrm{r}}^{\mathrm{F}}$ 表示，van Genuchten[14]给出了被广泛应用的 VG 模型，可以通过以下表达式获得：

$$\begin{cases} k_{\mathrm{r}}^{\mathrm{L}} = \sqrt{S_{\mathrm{r}}}\left[1-(1-S_{\mathrm{r}}^{1/m_{\mathrm{vg}}})^{m_{\mathrm{vg}}}\right]^2 \\ k_{\mathrm{r}}^{\mathrm{G}} = \sqrt{1-S_{\mathrm{r}}}(1-S_{\mathrm{r}}^{1/m_{\mathrm{vg}}})^{2m_{\mathrm{vg}}} \end{cases} \tag{5.4}$$

式中，m_{vg}、α_{vg} 是 VG 模型参数。α_{vg} 可以通过毛细水压-饱和度之间关系式表示：

$$\alpha_{\mathrm{vg}} = p_{\mathrm{c}}^{-1}(S_{\mathrm{r}}^{-m_{\mathrm{vg}}^{-1}}-1)^{1-m_{\mathrm{vg}}} \tag{5.5}$$

式中，p_{c} 为毛细孔压。

考虑三相介质的位移矢量并引入势函数，采用 Helmholtz 矢量分解定理，将位移矢量作如下分解：

$$\boldsymbol{u}^{\mathrm{S}} = \nabla\varphi^{\mathrm{S}} + \nabla\times\psi^{\mathrm{S}} \tag{5.6}$$

$$\boldsymbol{u}^{\mathrm{L}} = \nabla\varphi^{\mathrm{L}} + \nabla\times\psi^{\mathrm{L}} \tag{5.7}$$

$$\boldsymbol{u}^{\mathrm{G}} = \nabla\varphi^{\mathrm{G}} + \nabla\times\psi^{\mathrm{G}} \tag{5.8}$$

式中，φ^{α} 和 ψ^{α}（α = S，L，G）分别为固、液、气相三相介质的标量势函数和矢量势函数。将式（5.6）～式（5.8）代入式（5.1）～式（5.3）中，波动方程（5.1）～式（5.3）可改写为

$$\begin{aligned} n^{\mathrm{S}}\rho^{\mathrm{S}}\ddot{\varphi}^{\mathrm{S}} = &(\gamma_{\mathrm{SS}} + n^{\mathrm{S}}\lambda_{\mathrm{S}} + 2n^{\mathrm{S}}\mu_{\mathrm{S}})\nabla^2\varphi^{\mathrm{S}} + \gamma_{\mathrm{SL}}\nabla^2\varphi^{\mathrm{L}} \\ &+ \gamma_{\mathrm{SG}}\nabla^2\varphi^{\mathrm{G}} + \zeta_{\mathrm{L}}(\dot{\varphi}^{\mathrm{L}} - \dot{\varphi}^{\mathrm{S}}) + \zeta_{\mathrm{G}}(\dot{\varphi}^{\mathrm{G}} - \dot{\varphi}^{\mathrm{S}}) \end{aligned} \tag{5.9}$$

$$n^{\mathrm{L}}\rho^{\mathrm{L}}\ddot{\varphi}^{\mathrm{L}} = \gamma_{\mathrm{SL}}\nabla^2\varphi^{\mathrm{S}} + \gamma_{\mathrm{LL}}\nabla^2\varphi^{\mathrm{L}} + \gamma_{\mathrm{LG}}\nabla^2\varphi^{\mathrm{G}} - \zeta_{\mathrm{L}}(\dot{\varphi}^{\mathrm{L}} - \dot{\varphi}^{\mathrm{S}}) \tag{5.10}$$

$$n^{\mathrm{G}}\rho^{\mathrm{G}}\ddot{\varphi}^{\mathrm{G}} = \gamma_{\mathrm{SG}}\nabla^2\varphi^{\mathrm{S}} + \gamma_{\mathrm{LG}}\nabla^2\varphi^{\mathrm{L}} + \gamma_{\mathrm{GG}}\nabla^2\varphi^{\mathrm{G}} - \zeta_{\mathrm{G}}(\dot{\varphi}^{\mathrm{G}} - \dot{\varphi}^{\mathrm{S}}) \tag{5.11}$$

$$n^{\mathrm{S}}\rho^{\mathrm{S}}\ddot{\psi}^{\mathrm{S}} = n^{\mathrm{S}}\mu_{\mathrm{S}}\nabla^2\psi^{\mathrm{S}} + \zeta_{\mathrm{L}}(\dot{\psi}^{\mathrm{L}} - \dot{\psi}^{\mathrm{S}}) + \zeta_{\mathrm{G}}(\dot{\psi}^{\mathrm{G}} - \dot{\psi}^{\mathrm{S}}) \tag{5.12}$$

$$n^{\mathrm{L}}\rho^{\mathrm{L}}\ddot{\psi}^{\mathrm{L}} = -\zeta_{\mathrm{L}}(\dot{\psi}^{\mathrm{L}} - \dot{\psi}^{\mathrm{S}}) + \zeta_{\mathrm{G}}(\dot{\psi}^{\mathrm{G}} - \dot{\psi}^{\mathrm{S}}) \tag{5.13}$$

$$n^{\mathrm{G}}\rho^{\mathrm{G}}\ddot{\psi}^{\mathrm{G}} = -\zeta_{\mathrm{G}}(\dot{\psi}^{\mathrm{G}} - \dot{\psi}^{\mathrm{S}}) \tag{5.14}$$

假设式（5.9）～式（5.14）的一般解形式为

$$\varphi^{\alpha} = A^{\alpha}\exp[\mathrm{i}k_{\mathrm{P}}(lx + nz - c_{\mathrm{P}}t)] \tag{5.15}$$

$$\psi^{\alpha} = B^{\alpha}\exp[\mathrm{i}k_{\mathrm{S}}(lx + nz - c_{\mathrm{S}}t)] \tag{5.16}$$

式中，$\mathrm{i}=\sqrt{-1}$，k_{P} 和 k_{S} 分别为 P 波和 S 波的波数；c_{P} 和 c_{S} 分别为 P 波和 S 波的

波速；l 和 n 分别为对应波的方向矢量值；A^{α} 和 B^{α} 分别表示 P 波和 S 波在 α 相介质中的振幅。

将式（5.15）和式（5.16）代入式（5.9）～式（5.14）中，经过计算分别得到 P 波和 S 波的特征方程为

$$\begin{vmatrix} a_{11} & a_{12} & a_{13} \\ a_{21} & a_{22} & a_{23} \\ a_{31} & a_{32} & a_{33} \end{vmatrix} = 0 \tag{5.17}$$

$$\begin{vmatrix} b_{11} & b_{12} & b_{13} \\ b_{21} & b_{22} & b_{23} \\ b_{31} & b_{32} & b_{33} \end{vmatrix} = 0 \tag{5.18}$$

式中行列式的各元素详见文献［15］。

根据式（5.17）和式（5.18）即可得到非饱和土介质中 P 波和 S 波的传播速度为

$$c_{\mathrm{Pi}} = \omega / Re(k_{\mathrm{Pi}}), \quad c_{\mathrm{S}} = \omega / Re(k_{\mathrm{S}}) \tag{5.19}$$

5.3　平面 P 波入射

5.3.1　物理模型

在水平半无限基岩层上覆盖一层厚度为 H 的非饱和土层，在非饱和土地基中设置一定厚度的层合波阻板（以三层为例），其中波阻板的板厚为 H_{w1}+H_{w2}+H_{w3}，埋深为 H_2，假设频率为 ω 的入射 P 波以任意角度 φ 从基岩入射，分别经过非饱和土层合波阻板隔振屏障的透反射示意图如图 5.1 所示。

5.3.2　波场分析

1．波场势函数

基岩中：波从基岩层入射到上覆土层中，产生反射波，则基岩层中波场可表示为

$$\varphi_1^{\mathrm{e}} = A_{\mathrm{1ip}} \exp[\mathrm{i}(\omega t - k_{\mathrm{1ip}x} x + k_{\mathrm{1ip}z} z)] + A_{\mathrm{1rp}} \exp[\mathrm{i}(\omega t - k_{\mathrm{1rp}x} x - k_{\mathrm{1rp}z} z)] \tag{5.20}$$

$$\psi_1^{\mathrm{e}} = B_{\mathrm{1rs}} \exp[\mathrm{i}(\omega t - k_{\mathrm{1rs}x} x - k_{\mathrm{1rs}z} z)] \tag{5.21}$$

非饱和土层 Ⅰ 中：波从基岩层透射到上覆非饱和土层中，产生反射波和透射波，在非饱和土层 Ⅰ 中的总波场可表示为

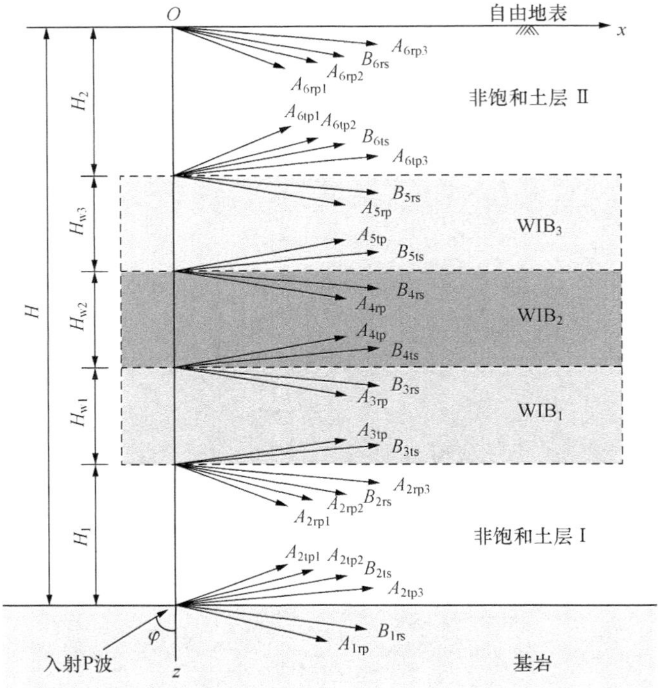

图 5.1　非饱和土地基设置波阻板时入射 P 波的传播示意图

固相

$$\varphi_2^{\mathrm{S}} = \sum_{i=1}^{3}\left\{A_{2\mathrm{tp}i}\exp[\mathrm{i}(\omega t - k_{2\mathrm{tp}ix}x + k_{2\mathrm{tp}iz}z)] + A_{2\mathrm{rp}i}\exp[\mathrm{i}(\omega t - k_{2\mathrm{rp}ix}x - k_{2\mathrm{rp}iz}z)]\right\} \tag{5.22}$$

$$\psi_2^{\mathrm{S}} = B_{2\mathrm{ts}}\exp[\mathrm{i}(\omega t - k_{2\mathrm{ts}x}x + k_{2\mathrm{ts}z}z)] + B_{2\mathrm{rs}}\exp[\mathrm{i}(\omega t - k_{2\mathrm{rs}x}x - k_{2\mathrm{rs}z}z)] \tag{5.23}$$

液相和气相

$$\varphi_2^{\mathrm{F}} = \sum_{i=1}^{3}\delta_{\mathrm{F}i}^{\mathrm{I}}\left\{A_{2\mathrm{tp}i}\exp[\mathrm{i}(\omega t - k_{2\mathrm{tp}ix}x + k_{2\mathrm{tp}iz}z)] + A_{2\mathrm{rp}i}\exp[\mathrm{i}(\omega t - k_{2\mathrm{rp}ix}x - k_{2\mathrm{rp}iz}z)]\right\} \tag{5.24}$$

$$\psi_2^{\mathrm{F}} = \delta_{\mathrm{FS}}^{\mathrm{I}}\left\{B_{2\mathrm{ts}}\exp[\mathrm{i}(\omega t - k_{2\mathrm{ts}x}x + k_{2\mathrm{ts}z}z)] + B_{2\mathrm{rs}}\exp[\mathrm{i}(\omega t - k_{2\mathrm{rs}x}x - k_{2\mathrm{rs}z}z)]\right\} \tag{5.25}$$

WIB$_1$、WIB$_2$、WIB$_3$ 中：波从非饱和土层 I 透射到层合波阻板中，产生反射波和透射波，在层合波阻板中的总波场可表示为

$$\varphi_3^{\mathrm{w1}} = A_{3\mathrm{tp}}\exp[\mathrm{i}(\omega t - k_{3\mathrm{tp}x}x + k_{3\mathrm{tp}z}z)] + A_{3\mathrm{rp}}\exp[\mathrm{i}(\omega t - k_{3\mathrm{rp}x}x - k_{3\mathrm{rp}z}z)] \tag{5.26}$$

$$\psi_3^{\mathrm{w1}} = B_{3\mathrm{ts}}\exp[\mathrm{i}(\omega t - k_{3\mathrm{ts}x}x + k_{3\mathrm{ts}z}z)] + B_{3\mathrm{rs}}\exp[\mathrm{i}(\omega t - k_{3\mathrm{rs}x}x - k_{3\mathrm{rs}z}z)] \tag{5.27}$$

$$\varphi_4^{\mathrm{w2}} = A_{4\mathrm{tp}}\exp[\mathrm{i}(\omega t - k_{4\mathrm{tp}x}x + k_{4\mathrm{tp}z}z)] + A_{4\mathrm{rp}}\exp[\mathrm{i}(\omega t - k_{4\mathrm{rp}x}x - k_{4\mathrm{rp}z}z)] \tag{5.28}$$

$$\psi_4^{\mathrm{w}2} = B_{4\mathrm{ts}} \exp[\mathrm{i}(\omega t - k_{4\mathrm{ts}x} x + k_{4\mathrm{ts}z} z)] + B_{4\mathrm{rs}} \exp[\mathrm{i}(\omega t - k_{4\mathrm{rs}x} x - k_{4\mathrm{rs}z} z)] \tag{5.29}$$

$$\varphi_5^{\mathrm{w}3} = A_{5\mathrm{tp}} \exp[\mathrm{i}(\omega t - k_{5\mathrm{tp}x} x + k_{5\mathrm{tp}z} z)] + A_{5\mathrm{rp}} \exp[\mathrm{i}(\omega t - k_{5\mathrm{rp}x} x - k_{5\mathrm{rp}z} z)] \tag{5.30}$$

$$\psi_5^{\mathrm{w}3} = B_{5\mathrm{ts}} \exp[\mathrm{i}(\omega t - k_{5\mathrm{ts}x} x + k_{5\mathrm{ts}z} z)] + B_{5\mathrm{rs}} \exp[\mathrm{i}(\omega t - k_{5\mathrm{rs}x} x - k_{5\mathrm{rs}z} z)] \tag{5.31}$$

非饱和土层Ⅱ中：波从层合波阻板透射到非饱和土层Ⅱ中，产生反射波和透射波，在非饱和土层Ⅱ中的总波场可表示为

固相

$$\varphi_6^{\mathrm{S}} = \sum_{i=1}^{3} \left\{ A_{6\mathrm{tp}i} \exp\left[\mathrm{i}(\omega t - k_{6\mathrm{tp}ix} x + k_{6\mathrm{tp}iz} z)\right] + A_{6\mathrm{rp}i} \exp\left[\mathrm{i}(\omega t - k_{6\mathrm{rp}ix} x - k_{6\mathrm{rp}iz} z)\right] \right\} \tag{5.32}$$

$$\psi_6^{\mathrm{S}} = B_{6\mathrm{ts}} \exp[\mathrm{i}(\omega t - k_{6\mathrm{ts}x} x + k_{6\mathrm{ts}z} z)] + B_{6\mathrm{rs}} \exp[\mathrm{i}(\omega t - k_{6\mathrm{rs}x} x - k_{6\mathrm{rs}z} z)] \tag{5.33}$$

液相和气相

$$\varphi_6^{\mathrm{F}} = \sum_{i=1}^{3} \delta_{\mathrm{F}i}^{\mathrm{II}} \left\{ A_{6\mathrm{tp}i} \exp[\mathrm{i}(\omega t - k_{6\mathrm{tp}ix} x + k_{6\mathrm{tp}iz} z)] + A_{6\mathrm{rp}i} \exp[\mathrm{i}(\omega t - k_{6\mathrm{rp}ix} x - k_{6\mathrm{rp}iz} z)] \right\} \tag{5.34}$$

$$\psi_6^{\mathrm{F}} = \delta_{\mathrm{FS}}^{\mathrm{II}} \left\{ B_{6\mathrm{ts}} \exp[\mathrm{i}(\omega t - k_{6\mathrm{ts}x} x + k_{6\mathrm{ts}z} z)] + B_{6\mathrm{rs}} \exp[\mathrm{i}(\omega t - k_{6\mathrm{rs}x} x - k_{6\mathrm{rs}z} z)] \right\} \tag{5.35}$$

以上式中，ω 为简谐波圆频率，$\mathrm{i} = \sqrt{-1}$；上标“e”表示基岩层，“w1”表示 WIB_1 层，“w2”表示 WIB_2 层，“w3”表示 WIB_3 层，$\delta_{\mathrm{F}i}^{\mathrm{I,II}} (i = 1,2,3)$ 为 F 相 3 个压缩波参与系数，$\delta_{\mathrm{FS}}^{\mathrm{I,II}}$ 为 F 相剪切波参与系数；A、B 分别为 P 波和 S 波的波幅系数；下标“i”“t”“r”分别为入射、透射、反射；1 表示基岩层，2 表示第一层非饱和土层，3 表示 WIB_1，4 表示 WIB_2，5 表示 WIB_3，6 表示第二层非饱和土层。$k_{1\mathrm{ip}x}$、$k_{1\mathrm{rp}x}$、$k_{2\mathrm{tp}ix}$、$k_{2\mathrm{rp}ix}$、$k_{2\mathrm{ts}x}$、$k_{2\mathrm{rs}x}$、$k_{3\mathrm{tp}x}$、$k_{3\mathrm{rp}x}$、$k_{3\mathrm{ts}x}$、$k_{3\mathrm{rs}x}$、$k_{4\mathrm{tp}x}$、$k_{4\mathrm{rp}x}$、$k_{4\mathrm{ts}x}$、$k_{4\mathrm{rs}x}$、$k_{5\mathrm{tp}x}$、$k_{5\mathrm{rp}x}$、$k_{5\mathrm{ts}x}$、$k_{5\mathrm{rs}x}$、$k_{6\mathrm{tp}ix}$、$k_{6\mathrm{rp}ix}$、$k_{6\mathrm{ts}x}$、$k_{6\mathrm{rs}x}$ 分别为 P 波和 SV 波在 x 方向的视波数；$k_{1\mathrm{ip}x}^2 + k_{1\mathrm{ip}z}^2 = k_{\mathrm{ip}}^2$，$k_{1\mathrm{rp}x}^2 + k_{1\mathrm{rp}z}^2 = k_{\mathrm{rp}}^2$，$k_{2\mathrm{tp}ix}^2 + k_{2\mathrm{tp}iz}^2 = k_{\mathrm{p}i}^2$，$k_{2\mathrm{ts}x}^2 + k_{2\mathrm{ts}z}^2 = k_{\mathrm{s}}^2$，$k_{6\mathrm{tp}ix}^2 + k_{6\mathrm{tp}iz}^2 = k_{\mathrm{p}i}^2$，$k_{6\mathrm{ts}x}^2 + k_{6\mathrm{ts}z}^2 = k_{\mathrm{s}}^2$。$k_{\mathrm{p}}$、$k_{\mathrm{s}}$ 分别为 P 波和 S 波的波数，且 $k_{\mathrm{p}}=\omega/c_{\mathrm{P}}$，$k_{\mathrm{s}}=\omega/c_{\mathrm{S}}$，$c_{\mathrm{P}}$、$c_{\mathrm{S}}$ 为基岩中 P 波和 S 波波速。根据斯涅尔（Snell）定理有

$$k_{1\mathrm{ip}x} = k_{1\mathrm{rp}x} = k_{1\mathrm{rs}z} = k_{2\mathrm{tp}ix} = k_{2\mathrm{rp}ix} = k_{2\mathrm{ts}x} = k_{2\mathrm{rs}x} = k_{6\mathrm{tp}ix} = k_{6\mathrm{rp}ix} = k_{6\mathrm{ts}x} = k_{6\mathrm{rs}x} = k_x = k_{\mathrm{p}} \sin\varphi \tag{5.36}$$

2. *问题求解*

波场中所有波动满足交界面边界条件。设各层交界面处应力和位移连续，且界面上不透水。不同幅值 $A_{1\mathrm{rp}}$、$B_{1\mathrm{rs}}$、$A_{2\mathrm{tp}i}$、$A_{2\mathrm{rp}i}$、$B_{2\mathrm{ts}}$、$B_{2\mathrm{rs}}$、$A_{3\mathrm{tp}}$、$A_{3\mathrm{rp}}$、$B_{3\mathrm{ts}}$、$B_{3\mathrm{rs}}$、$A_{4\mathrm{tp}}$、$A_{4\mathrm{rp}}$、$B_{4\mathrm{ts}}$、$B_{4\mathrm{rs}}$、$A_{5\mathrm{tp}}$、$A_{5\mathrm{rp}}$、$B_{5\mathrm{ts}}$、$B_{5\mathrm{rs}}$、$A_{6\mathrm{tp}i}$、$A_{6\mathrm{rp}i}$、$B_{6\mathrm{ts}}$、$B_{6\mathrm{rs}}$ 可通过分界面处的边界条件确定。

基岩层与非饱和土层Ⅰ交界面上的边界条件为

法向总应力连续

$$\sigma_{zz}^{\mathrm{e}}\Big|_{z=H}=\sigma_{zz\mathrm{I}}^{\mathrm{S}}\Big|_{z=H}+\sigma_{zz\mathrm{I}}^{\mathrm{L}}\Big|_{z=H}+\sigma_{zz\mathrm{I}}^{\mathrm{G}}\Big|_{z=H} \tag{5.37}$$

切向应力连续

$$\sigma_{xz}^{\mathrm{e}}\Big|_{z=H}=\sigma_{xz\mathrm{I}}^{\mathrm{S}}\Big|_{z=H} \tag{5.38}$$

法向位移连续

$$u_{z}^{\mathrm{e}}\Big|_{z=H}=u_{z\mathrm{I}}^{\mathrm{S}}\Big|_{z=H}=u_{z\mathrm{I}}^{\mathrm{L}}\Big|_{z=H}=u_{z\mathrm{I}}^{\mathrm{G}}\Big|_{z=H} \tag{5.39}$$

切向位移连续

$$u_{x}^{\mathrm{e}}\Big|_{z=H}=u_{x\mathrm{I}}^{\mathrm{S}}\Big|_{z=H} \tag{5.40}$$

WIB_1 与非饱和土层 I 交界面上的边界条件为

法向总应力连续

$$\sigma_{zz}^{\mathrm{w1}}\Big|_{z=H-H_1}=\sigma_{zz\mathrm{I}}^{\mathrm{S}}\Big|_{z=H-H_1}+\sigma_{zz\mathrm{I}}^{\mathrm{L}}\Big|_{z=H-H_1}+\sigma_{zz\mathrm{I}}^{\mathrm{G}}\Big|_{z=H-H_1} \tag{5.41}$$

切向应力连续

$$\sigma_{xz}^{\mathrm{w1}}\Big|_{z=H-H_1}=\sigma_{xz\mathrm{I}}^{\mathrm{S}}\Big|_{z=H-H_1} \tag{5.42}$$

法向位移连续

$$u_{z}^{\mathrm{w1}}\Big|_{z=H-H_1}=u_{z\mathrm{I}}^{\mathrm{S}}\Big|_{z=H-H_1}=u_{z\mathrm{I}}^{\mathrm{L}}\Big|_{z=H-H_1}=u_{z\mathrm{I}}^{\mathrm{G}}\Big|_{z=H-H_1} \tag{5.43}$$

切向位移连续

$$u_{x}^{\mathrm{w1}}\Big|_{z=H-H_1}=u_{x\mathrm{I}}^{\mathrm{S}}\Big|_{z=H-H_1} \tag{5.44}$$

WIB_1 与 WIB_2 交界面上的边界条件为

法向应力连续

$$\sigma_{zz}^{\mathrm{w2}}\Big|_{z=H_2+H_{\mathrm{w2}}+H_{\mathrm{w3}}}=\sigma_{zz}^{\mathrm{w1}}\Big|_{z=H_2+H_{\mathrm{w2}}+H_{\mathrm{w3}}} \tag{5.45}$$

切向应力连续

$$\sigma_{xz}^{\mathrm{w2}}\Big|_{z=H_2+H_{\mathrm{w2}}+H_{\mathrm{w3}}}=\sigma_{xz}^{\mathrm{w1}}\Big|_{z=H_2+H_{\mathrm{w2}}+H_{\mathrm{w3}}} \tag{5.46}$$

法向位移连续

$$u_{z}^{\mathrm{w2}}\Big|_{z=H_2+H_{\mathrm{w2}}+H_{\mathrm{w3}}}=u_{z}^{\mathrm{w1}}\Big|_{z=H_2+H_{\mathrm{w2}}+H_{\mathrm{w3}}} \tag{5.47}$$

切向位移连续

$$u_{x}^{\mathrm{w2}}\Big|_{z=H_2+H_{\mathrm{w2}}+H_{\mathrm{w3}}}=u_{x}^{\mathrm{w1}}\Big|_{z=H_2+H_{\mathrm{w2}}+H_{\mathrm{w3}}} \tag{5.48}$$

WIB_2 与 WIB_3 交界面上的边界条件为

法向应力连续

$$\sigma_{zz}^{w3}\Big|_{z=H_2+H_{w3}}=\sigma_{zz}^{w2}\Big|_{z=H_2+H_{w3}} \tag{5.49}$$

切向应力连续

$$\sigma_{xz}^{w3}\Big|_{z=H_2+H_{w3}}=\sigma_{xz}^{w2}\Big|_{z=H_2+H_{w3}} \tag{5.50}$$

法向位移连续

$$u_{z}^{w3}\Big|_{z=H_2+H_{w3}}=u_{z}^{w2}\Big|_{z=H_2+H_{w3}} \tag{5.51}$$

切向位移连续

$$u_{x}^{w3}\Big|_{z=H_2+H_{w3}}=u_{x}^{w2}\Big|_{z=H_2+H_{w3}} \tag{5.52}$$

WIB_3 与非饱和土层 II 交界面上的边界条件为

法向总应力连续

$$\sigma_{zz}^{w3}\Big|_{z=H_2}=\sigma_{zz\mathrm{II}}^{S}\Big|_{z=H_2}+\sigma_{zz\mathrm{II}}^{L}\Big|_{z=H_2}+\sigma_{zz\mathrm{II}}^{G}\Big|_{z=H_2} \tag{5.53}$$

切向应力连续

$$\sigma_{xz}^{w3}\Big|_{z=H_2}=\sigma_{xz\mathrm{II}}^{S}\Big|_{z=H_2} \tag{5.54}$$

法向位移连续

$$u_{z}^{w3}\Big|_{z=H_2}=u_{z\mathrm{II}}^{S}\Big|_{z=H_2}=u_{z\mathrm{II}}^{L}\Big|_{z=H_2}=u_{z\mathrm{II}}^{G}\Big|_{z=H_2} \tag{5.55}$$

切向位移连续

$$u_{x}^{w3}\Big|_{z=H_2}=u_{x\mathrm{II}}^{S}\Big|_{z=H_2} \tag{5.56}$$

自由地表（z=0）的边界条件为

$$\sigma_{zz\mathrm{II}}^{S}\Big|_{z=0}=\sigma_{zz\mathrm{II}}^{L}\Big|_{z=0}=\sigma_{zz\mathrm{II}}^{G}\Big|_{z=0}=\sigma_{xz\mathrm{II}}^{S}\Big|_{z=0}=0 \tag{5.57}$$

基岩中位移和应力可以用势函数表达为

$$\begin{cases}u_x^{e}=\dfrac{\partial\varphi_1^{e}}{\partial x}-\dfrac{\partial\psi_1^{e}}{\partial z}\\[2ex] u_z^{e}=\dfrac{\partial\varphi_1^{e}}{\partial z}+\dfrac{\partial\psi_1^{e}}{\partial x}\end{cases} \tag{5.58}$$

$$\begin{cases}\sigma_{zz}^{e}=\lambda_e\nabla^2\varphi_1^{e}+2\mu_e\left(\dfrac{\partial^2\varphi_1^{e}}{\partial z^2}+\dfrac{\partial^2\psi_1^{e}}{\partial x\partial z}\right)\\[2ex] \sigma_{xz}^{e}=\mu_e\left(2\dfrac{\partial^2\varphi_1^{e}}{\partial x\partial z}+\dfrac{\partial^2\psi_1^{e}}{\partial x^2}-\dfrac{\partial^2\psi_1^{e}}{\partial z^2}\right)\end{cases} \tag{5.59}$$

非饱和土层 I 中应力和位移的势函数由下式表达，同理，非饱和土层 II 的势函数与下式表达一致，只需将对应项替换即可：

$$\begin{cases} u_{x\mathrm{I}}^{\mathrm{S}} = \dfrac{\partial \varphi_2^{\mathrm{S}}}{\partial x} - \dfrac{\partial \psi_2^{\mathrm{S}}}{\partial z} \\ u_{z\mathrm{I}}^{\alpha} = \dfrac{\partial \varphi_2^{\alpha}}{\partial z} + \dfrac{\partial \psi_2^{\alpha}}{\partial x} \end{cases} \tag{5.60}$$

$$\begin{cases} \sigma_{zz\mathrm{I}}^{\mathrm{S}} = (\gamma_{\mathrm{SSI}} + n^{\mathrm{S}}\lambda_{\mathrm{S}})\nabla^2\varphi_2^{\mathrm{S}} + \gamma_{\mathrm{SLI}}\nabla^2\varphi_2^{\mathrm{L}} + \gamma_{\mathrm{SGI}}\nabla^2\varphi_2^{\mathrm{G}} + 2n^{\mathrm{S}}\mu_{\mathrm{S}}\left(\dfrac{\partial^2\varphi_2^{\mathrm{S}}}{\partial z^2} + \dfrac{\partial^2\psi_2^{\mathrm{S}}}{\partial z\partial x}\right) \\ \sigma_{xz\mathrm{I}}^{\mathrm{S}} = n^{\mathrm{S}}\mu_{\mathrm{S}}\left(2\dfrac{\partial^2\varphi_2^{\mathrm{S}}}{\partial x\partial z} + \dfrac{\partial^2\psi_2^{\mathrm{S}}}{\partial x^2} - \dfrac{\partial^2\psi_2^{\mathrm{S}}}{\partial z^2}\right) \\ \sigma_{zz\mathrm{I}}^{\mathrm{L}} = \gamma_{\mathrm{SLI}}\nabla^2\varphi_2^{\mathrm{S}} + \gamma_{\mathrm{LLI}}\nabla^2\varphi_2^{\mathrm{L}} + \gamma_{\mathrm{LGI}}\nabla^2\varphi_2^{\mathrm{G}} \\ \sigma_{zz\mathrm{I}}^{\mathrm{G}} = \gamma_{\mathrm{SGI}}\nabla^2\varphi_2^{\mathrm{S}} + \gamma_{\mathrm{LGI}}\nabla^2\varphi_2^{\mathrm{L}} + \gamma_{\mathrm{GGI}}\nabla^2\varphi_2^{\mathrm{G}} \end{cases} \tag{5.61}$$

WIB_1 中位移和应力可以用势函数由下式表达，同理，WIB_2 和 WIB_3 的势函数与下式表达一致，只需将对应项替换即可：

$$\begin{cases} u_x^{\mathrm{w1}} = \dfrac{\partial \varphi_3^{\mathrm{w1}}}{\partial x} - \dfrac{\partial \psi_3^{\mathrm{w1}}}{\partial z} \\ u_z^{\mathrm{w1}} = \dfrac{\partial \varphi_3^{\mathrm{w1}}}{\partial z} + \dfrac{\partial \psi_3^{\mathrm{w1}}}{\partial x} \end{cases} \tag{5.62}$$

$$\begin{cases} \sigma_{zz}^{\mathrm{w1}} = \lambda_{\mathrm{w1}}\nabla^2\varphi_3^{\mathrm{w1}} + 2\mu_{\mathrm{w1}}\left(\dfrac{\partial^2\varphi_3^{\mathrm{w1}}}{\partial z^2} + \dfrac{\partial^2\psi_3^{\mathrm{w1}}}{\partial x\partial z}\right) \\ \sigma_{xz}^{\mathrm{w1}} = \mu_{\mathrm{w1}}\left(2\dfrac{\partial^2\varphi_3^{\mathrm{w1}}}{\partial x\partial z} + \dfrac{\partial^2\psi_3^{\mathrm{w1}}}{\partial x^2} - \dfrac{\partial^2\psi_3^{\mathrm{w1}}}{\partial z^2}\right) \end{cases} \tag{5.63}$$

引入边界条件后，将式（5.20）～式（5.35）代入式（5.58）～式（5.63），并考虑 Snell 定理，可以得到应力、位移分量与各波波幅系数的关系：

$$\boldsymbol{MN} = A_{1\mathrm{ip}}\boldsymbol{Q} \tag{5.64}$$

式中，$\boldsymbol{M}$ 为波幅矢量的系数矩阵，矩阵 $\boldsymbol{M}$ 和 $\boldsymbol{Q}$ 的系数详见文献［16］，$\boldsymbol{N} = [A_{1\mathrm{rp}}\ B_{1\mathrm{rs}}\ A_{2\mathrm{tp}i}\ B_{2\mathrm{ts}}\ A_{2\mathrm{rp}i}\ B_{2\mathrm{rs}}\ A_{3\mathrm{tp}}\ B_{3\mathrm{ts}}\ A_{3\mathrm{rp}}\ B_{3\mathrm{rs}} A_{4\mathrm{tp}}\ B_{4\mathrm{ts}}\ A_{4\mathrm{rp}}\ B_{4\mathrm{rs}}\ A_{5\mathrm{tp}}\ B_{5\mathrm{ts}}\ A_{5\mathrm{rp}}\ B_{5\mathrm{rs}}\ A_{6\mathrm{tp}i}\ B_{6\mathrm{ts}}\ A_{6\mathrm{rp}i}\ B_{6\mathrm{rs}}]^{\mathrm{T}}$。

令 $A_{1\mathrm{ip}}=1$，解方程组可以得到 P 波从基岩入射透过波阻板到自由地表时场地中产生波场的波幅系数，从而确定场地中的波场。

波场确定后，场地中各点的位移、应力均可确定。本节重点分析自由地表的位移，将式（5.32）和式（5.33）代入式（5.60），可得到地表处非饱和土固相水平位移 u_x 和竖向位移 u_z。

$$\begin{cases} u_x = \left|\sum\limits_{i=1}^{3}(-k_{6\mathrm{tp}ix}A_{6\mathrm{tp}i} - k_{6\mathrm{rp}ix}A_{6\mathrm{rp}i}) - k_{6\mathrm{ts}z}B_{6\mathrm{ts}} + k_{6\mathrm{rs}z}B_{6\mathrm{rs}}\right| \\ u_z = \left|\sum\limits_{i=1}^{3}(k_{6\mathrm{tp}iz}A_{6\mathrm{tp}i} - k_{6\mathrm{rp}iz}A_{6\mathrm{rp}i}) - k_{6\mathrm{ts}x}B_{6\mathrm{ts}} - k_{6\mathrm{rs}x}B_{6\mathrm{rs}}\right| \end{cases} \tag{5.65}$$

5.3.3 隔振性能分析

为验证本方法解答的有效性，将层合波阻板退化至与 Li 等[17]研究的基岩-非饱和土体系一致，图 5.2 给出了地表竖向位移放大系数随入射角度的变化曲线。从图 5.2 中可以看出，本节解答与文献［17］结果有很好的一致性，说明了本节算法的有效性。

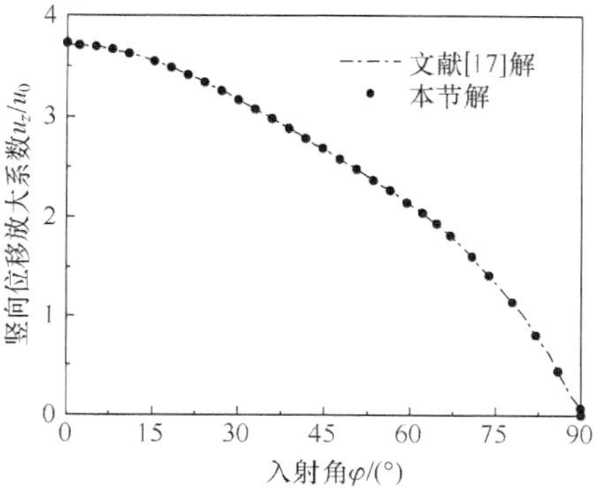

图 5.2　本节解与文献解对比

令非饱和土的波阻抗为 Z_0，WIB_1 的波阻抗为 Z_1，WIB_2 的波阻抗为 Z_2，WIB_3 的波阻抗为 Z_3，则 WIB_1 和非饱和土层交界面处的波阻抗比 $\gamma_1 = Z_1/Z_0 = \sqrt{(\lambda_{w1}+2\mu_{w1})\rho_{w1}}/\rho_s v_{p1}$，$WIB_2$ 和 WIB_1 交界面处的波阻抗比 $\gamma_2 = Z_2/Z_1 = \sqrt{(\lambda_{w2}+2\mu_{w2})\rho_{w2}/(\lambda_{w1}+2\mu_{w1})\rho_{w1}}$，$WIB_3$ 和 WIB_2 交界面处的波阻抗比 $\gamma_3 = Z_3/Z_2 = \sqrt{(\lambda_{w3}+2\mu_{w3})\rho_{w3}/(\lambda_{w2}+2\mu_{w2})\rho_{w2}}$。本节重点考虑层合波阻板屏障的竖向隔振效果，取层间波阻抗比 γ_1、γ_2、γ_3 为 0.5～20，计算其同时变化下地表竖向位移幅值，选出最小位移值对应的波阻抗比，此时层合波阻板屏障取得最佳隔振效果，进而确定隔振设计的材料参数。讨论波阻板密度有以下六种情况：

Case 1：ρ_{w1}=2000kg/m^3，ρ_{w2}=2300kg/m^3，ρ_{w3}=2700kg/m^3；

Case 2：ρ_{w1}=2000kg/m^3，ρ_{w2}=2700kg/m^3，ρ_{w3}=2300kg/m^3；

Case 3：ρ_{w1}=2300kg/m^3，ρ_{w2}=2000kg/m^3，ρ_{w3}=2700kg/m^3；

Case 4：ρ_{w1}=2300kg/m^3，ρ_{w2}=2700kg/m^3，ρ_{w3}=2000kg/m^3；

Case 5：ρ_{w1}=2700kg/m^3，ρ_{w2}=2300kg/m^3，ρ_{w3}=2000kg/m^3；

Case 6：ρ_{w1}=2700kg/m^3，ρ_{w2}=2000kg/m^3，ρ_{w3}=2300kg/m^3。

取饱和度 S_r=0.8，入射频率 ω=10Hz，入射角 φ=45°，层合波阻板厚度 H_{w1}=H_{w2}=H_{w3}=0.3m，埋深 H_2=1.0m，图 5.3 分别绘制出了六种不同密度情况下地表竖向位移随波阻抗比 γ_1、γ_2 和 γ_3 同时变化的三维曲线。通过数值计算得到的最小位移值如下：

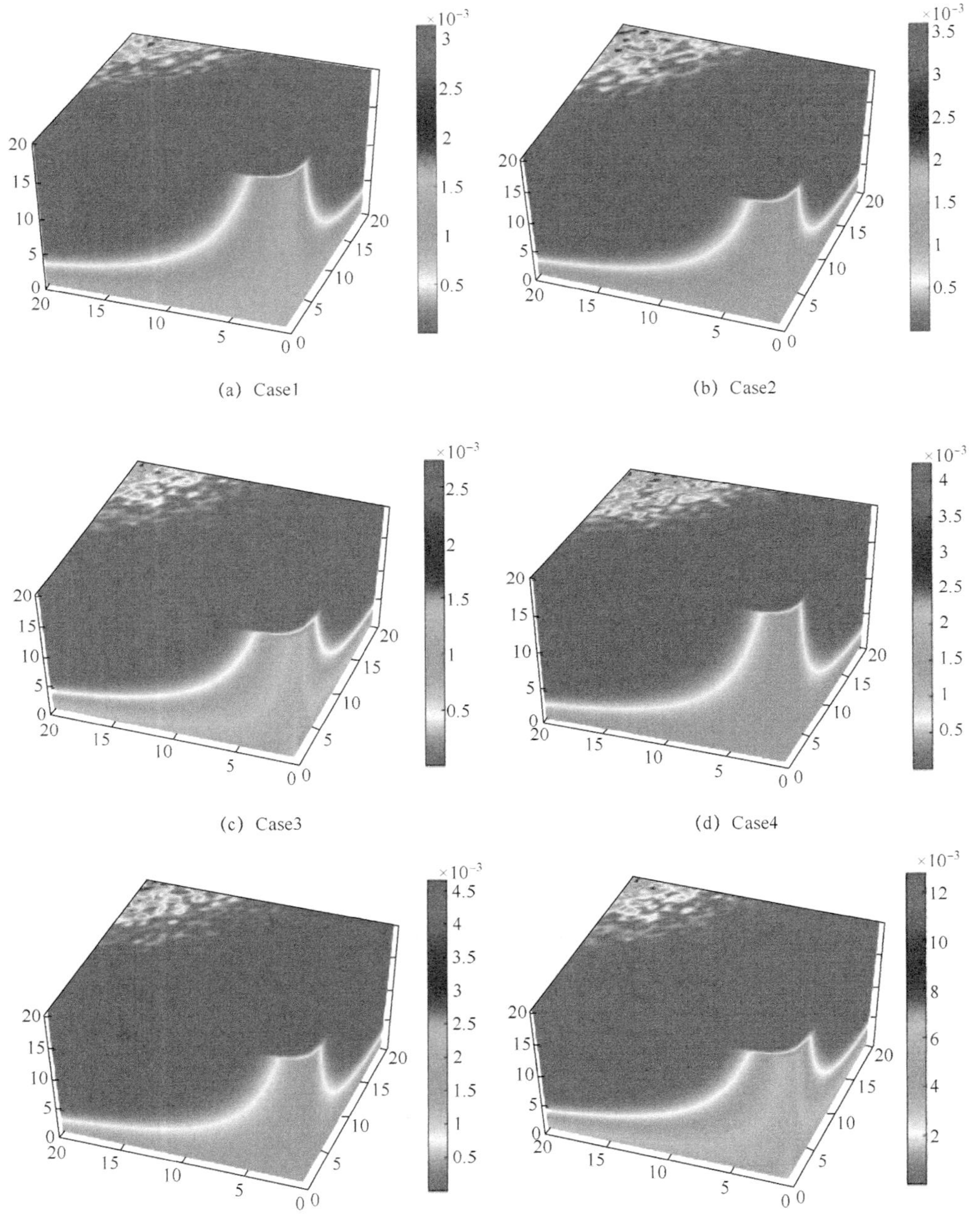

(a) Case1　(b) Case2

(c) Case3　(d) Case4

(e) Case5　(f) Case6

图 5.3　地表竖向位移随波阻抗比变化的三维曲线

Case 1：γ_1=9.0，γ_2=12.5，γ_3=0.5，$u_{z\,\min}=1.30\times10^{-8}$ m；

Case 2：γ_1=19.0，γ_2=3.0，γ_3=2.0，$u_{z\,\min}=5.82\times10^{-10}$ m；

Case 3：$\gamma_1=10.5$，$\gamma_2=3.5$，$\gamma_3=3.5$，$u_{z\,\min}=1.52\times10^{-8}$ m；
Case 4：$\gamma_1=17.0$，$\gamma_2=1.5$，$\gamma_3=4.5$，$u_{z\,\min}=3.22\times10^{-9}$ m；
Case 5：$\gamma_1=16.5$，$\gamma_2=0.5$，$\gamma_3=7.0$，$u_{z\,\min}=2.52\times10^{-8}$ m；
Case 6：$\gamma_1=19.5$，$\gamma_2=2.0$，$\gamma_3=3.0$，$u_{z\,\min}=3.70\times10^{-9}$ m。

综上可得，Case2 中的层合波阻板密度分布情况对应的竖向位移幅值最小，即此时取得最佳隔振效果。因此，在后文对层合波阻板隔振效果的分析中，其材料参数与 Case2 取为一致。

对于波阻板隔振效果的评价，采用 Woods[18]提出的振幅衰减系数 A_R 来衡量层合波阻板的隔振效果，其值越小，隔振效果越好，当 $A_R>1$ 时，则代表隔振失效，其中 A_R 的计算公式如下：

$$A_R=\frac{u}{u^*} \tag{5.66}$$

式中，u 为设置波阻板隔振屏障后的地表竖向位移；u^* 为自由场地的地表竖向位移。

取均质波阻板与层合波阻板的厚度一致，均为 0.9m，埋深 H_2=1.0m，饱和度 S_r=0.8，入射频率 ω=10Hz，层合波阻板的材料参数取自 Case2，均质波阻板的材料参数与之每层对应。图 5.4 绘制出了非饱和土地基中分别设置相同厚度的两种隔振屏障后地表竖向位移振幅衰减系数随入射角的变化曲线。从图 5.4 中可以看出，当入射角较小时，均质波阻板的隔振效果优于层合波阻板，随着入射角逐渐增大，层合波阻板的隔振效果逐渐优于同等材质的均质波阻板。

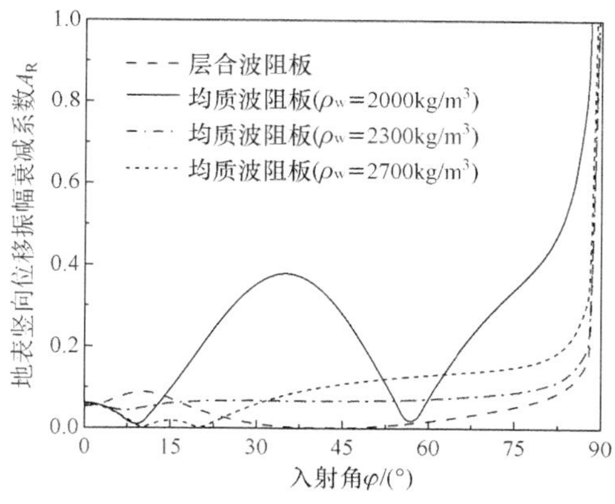

图 5.4　均质波阻板与层合波阻板隔振效果对比

为研究频率对非饱和土地基中层合波阻板隔振效果的影响规律，图 5.5 绘制了埋深 H_2=1.0m，饱和度 S_r=0.8，层合波阻板厚度 $H_{w1}=H_{w2}=H_{w3}$=0.3m，入射频率 ω=10Hz、50Hz、100Hz 变化下非饱和土地基中设置层合波阻板后地表竖向位移振幅衰减系数随入射角的变化曲线。从图 5.5 中可以看出，随着入射频率的增加，层合波阻板的隔振效率逐渐降低，但其对应的振幅衰减系数仍然较小，说明层合波阻板隔振体系对中、高频隔振的有效性。

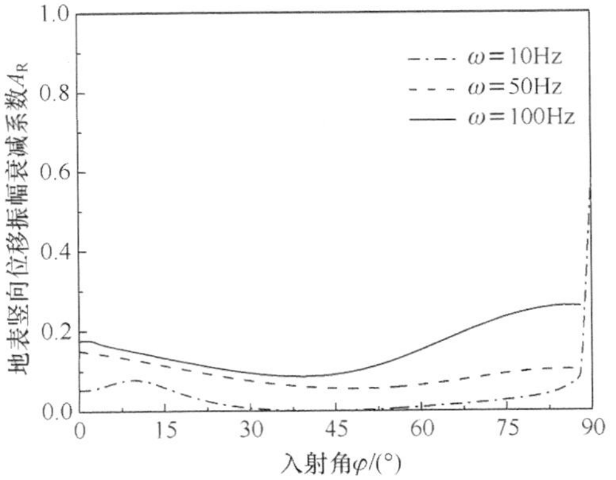

图 5.5　地表竖向位移衰减系数 A_R 随入射频率 ω 变化曲线

为研究饱和度对非饱和土地基中层合波阻板隔振效果的影响规律，图 5.6 绘制了层合波阻板厚度 $H_{w1}=H_{w2}=H_{w3}=0.3$m，埋深 $H_2=1.0$m，入射频率 $\omega=10$Hz 时，饱和度 $S_r=0.2$、0.4、0.6 和 0.8 变化下非饱和土地基中设置层合波阻板后地表竖向位移振幅衰减系数随入射角度的变化曲线。从图 5.6 中可以看出，随着饱和度的增加，地表竖向位移振幅衰减系数先增大后减小，即非饱和土地基中层合波阻板的隔振效果随着饱和度的增加先降低后升高。

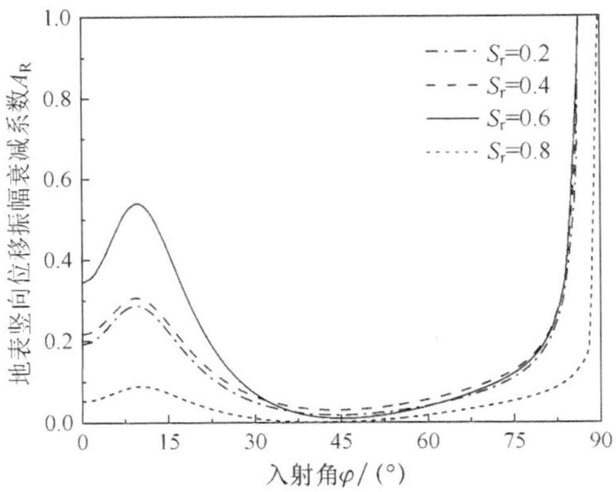

图 5.6　地表竖向位移衰减系数 A_R 随饱和度 S_r 变化曲线

为研究层合波阻板的厚度对其隔振效果的影响规律，图 5.7 绘制了埋深 $H_2=1.0$m，饱和度 $S_r=0.8$，入射频率 $\omega=10$Hz，层合波阻板的厚度 $H_{w1}=H_{w2}=H_{w3}=0.3$m、0.5m 和 0.7m 变化下地表竖向位移振幅衰减系数随入射角度的变化曲线。由图 5.7 可知，当 P 波入射角小于 22°时，随着层合波阻板的厚度逐渐增加，其隔振效果逐渐增加，但随着入射角继续增加，其隔振效果则相反。

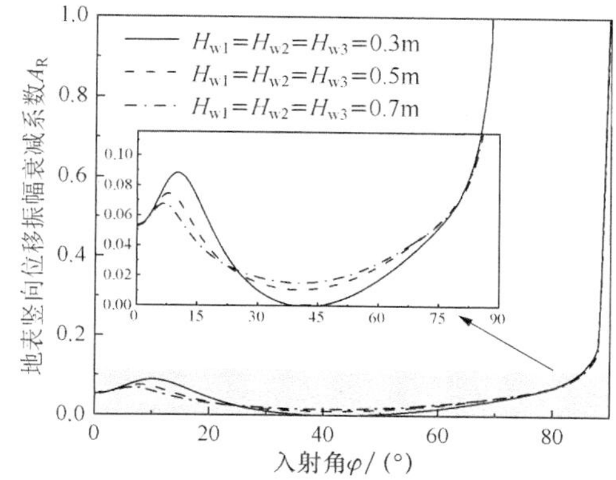

图 5.7　地表竖向位移衰减系数 A_R 随波阻板厚度变化曲线

为研究层合波阻板的埋深对其隔振效果的影响规律，图 5.8 绘制了层合波阻板厚度 $H_{w1}=H_{w2}=H_{w3}=0.3$m，饱和度 $S_r=0.8$，入射频率 $\omega=10$Hz，埋深 $H_2=1.0$m、2.0m、3.0m 变化下非饱和土地基中设置层合波阻板后地表竖向位移振幅衰减系数随入射角的变化曲线。从图 5.8 中可以看出，当 P 波入射角小于 20°时，增加埋深可以提高其隔振效果，但随入射角继续增加，其隔振效果则相反。

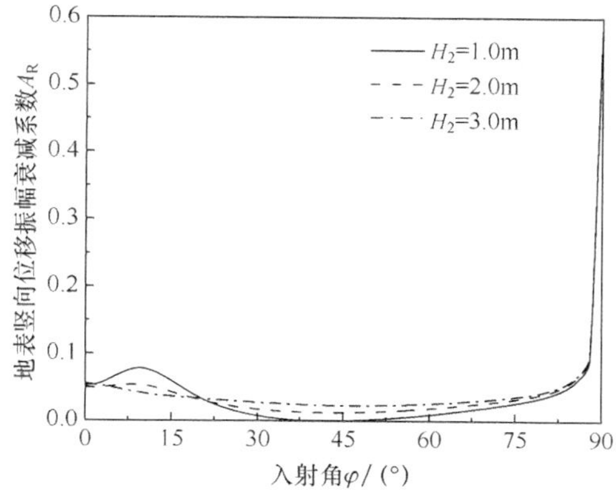

图 5.8　地表竖向位移衰减系数 A_R 随波阻板埋深 H_2 变化曲线

5.4　平面 SV 波入射

5.4.1　物理模型

在水平半无限基岩层上覆盖一层厚度为 H 的非饱和土层，在非饱和土地基中设置一定厚度的层合波阻板（以三层为例），其中波阻板的板厚为 $H_{w1}+H_{w2}+H_{w3}$，埋深为 H_2，假设频率为 ω 的入射 SV 波以任意角度 φ 从基岩入射，分别经过非饱和土层合波阻板隔振屏障的透反射示意图如图 5.9 所示。

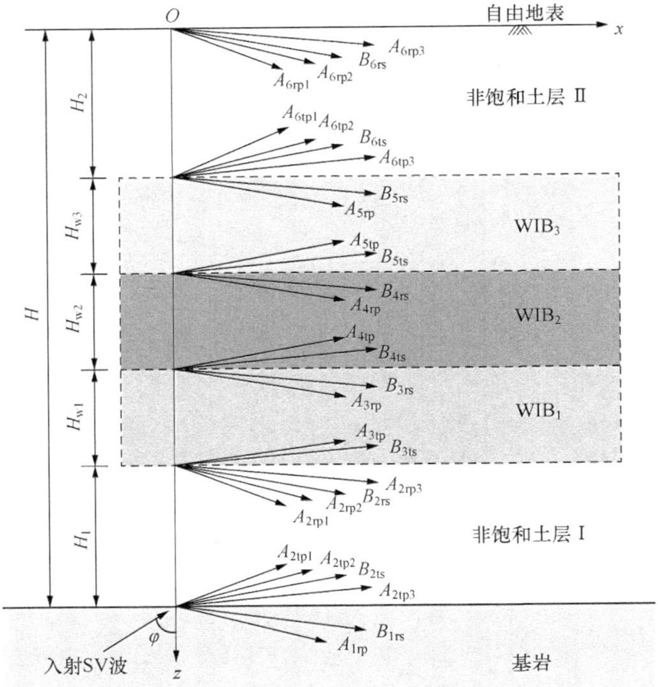

图 5.9　非饱和土地基设置层合波阻板时入射 SV 波的传播示意图

5.4.2　波场分析

1. 波场势函数

基岩中：波从基岩层入射到上覆土层中，产生反射波，则基岩层中波场可表示为

$$\varphi_1^{\mathrm{e}} = A_{1\mathrm{rp}} \exp[\mathrm{i}(\omega t - k_{1\mathrm{rp}x} x - k_{1\mathrm{rp}z} z)] \tag{5.67}$$

$$\psi_1^{\mathrm{e}} = B_{1\mathrm{is}} \exp[\mathrm{i}(\omega t - k_{1\mathrm{is}x} x + k_{1\mathrm{is}z} z)] + B_{1\mathrm{rs}} \exp[\mathrm{i}(\omega t - k_{1\mathrm{rs}x} x - k_{1\mathrm{rs}z} z)] \tag{5.68}$$

非饱和土层Ⅰ中：波从基岩层透射到上覆非饱和土层中，产生反射波和透射波，在非饱和土层Ⅰ中的总波场可表示为

固相

$$\varphi_2^{\mathrm{S}} = \sum_{i=1}^{3} \left\{ A_{2\mathrm{tp}i} \exp[\mathrm{i}(\omega t - k_{2\mathrm{tp}ix} x + k_{2\mathrm{tp}iz} z)] + A_{2\mathrm{rp}i} \exp[\mathrm{i}(\omega t - k_{2\mathrm{rp}ix} x - k_{2\mathrm{rp}iz} z)] \right\} \tag{5.69}$$

$$\psi_2^{\mathrm{S}}=B_{2\mathrm{ts}}\exp[\mathrm{i}(\omega t-k_{2\mathrm{ts}x}x+k_{2\mathrm{ts}z}z)]+B_{2\mathrm{rs}}\exp[\mathrm{i}(\omega t-k_{2\mathrm{rs}x}x-k_{2\mathrm{rs}z}z)] \tag{5.70}$$

液相和气相

$$\varphi_2^{\mathrm{F}}=\sum_{i=1}^{3}\delta_{\mathrm{F}i}^{\mathrm{I}}\left\{A_{2\mathrm{tp}i}\exp[\mathrm{i}(\omega t-k_{2\mathrm{tp}ix}x+k_{2\mathrm{tp}iz}z)]+A_{2\mathrm{rp}i}\exp[\mathrm{i}(\omega t-k_{2\mathrm{rp}ix}x-k_{2\mathrm{rp}iz}z)]\right\} \tag{5.71}$$

$$\psi_2^{\mathrm{F}}=\delta_{\mathrm{FS}}^{\mathrm{I}}\left\{B_{2\mathrm{ts}}\exp[\mathrm{i}(\omega t-k_{2\mathrm{ts}x}x+k_{2\mathrm{ts}z}z)]+B_{2\mathrm{rs}}\exp[\mathrm{i}(\omega t-k_{2\mathrm{rs}x}x-k_{2\mathrm{rs}z}z)]\right\} \tag{5.72}$$

WIB_1、WIB_2、WIB_3 中：波从非饱和土层 I 透射到层合波阻板中，产生反射波和透射波，在层合波阻板中的总波场可表示为

$$\varphi_3^{\mathrm{w1}}=A_{3\mathrm{tp}}\exp[\mathrm{i}(\omega t-k_{3\mathrm{tp}x}x+k_{3\mathrm{tp}z}z)]+A_{3\mathrm{rp}}\exp[\mathrm{i}(\omega t-k_{3\mathrm{rp}x}x-k_{3\mathrm{rp}z}z)] \tag{5.73}$$

$$\psi_3^{\mathrm{w1}}=B_{3\mathrm{ts}}\exp[\mathrm{i}(\omega t-k_{3\mathrm{ts}x}x+k_{3\mathrm{ts}z}z)]+B_{3\mathrm{rs}}\exp[\mathrm{i}(\omega t-k_{3\mathrm{rs}x}x-k_{3\mathrm{rs}z}z)] \tag{5.74}$$

$$\varphi_4^{\mathrm{w2}}=A_{4\mathrm{tp}}\exp[\mathrm{i}(\omega t-k_{4\mathrm{tp}x}x+k_{4\mathrm{tp}z}z)]+A_{4\mathrm{rp}}\exp[\mathrm{i}(\omega t-k_{4\mathrm{rp}x}x-k_{4\mathrm{rp}z}z)] \tag{5.75}$$

$$\psi_4^{\mathrm{w2}}=B_{4\mathrm{ts}}\exp[\mathrm{i}(\omega t-k_{4\mathrm{ts}x}x+k_{4\mathrm{ts}z}z)]+B_{4\mathrm{rs}}\exp[\mathrm{i}(\omega t-k_{4\mathrm{rs}x}x-k_{4\mathrm{rs}z}z)] \tag{5.76}$$

$$\varphi_5^{\mathrm{w3}}=A_{5\mathrm{tp}}\exp[\mathrm{i}(\omega t-k_{5\mathrm{tp}x}x+k_{5\mathrm{tp}z}z)]+A_{5\mathrm{rp}}\exp[\mathrm{i}(\omega t-k_{5\mathrm{rp}x}x-k_{5\mathrm{rp}z}z)] \tag{5.77}$$

$$\psi_5^{\mathrm{w3}}=B_{5\mathrm{ts}}\exp[\mathrm{i}(\omega t-k_{5\mathrm{ts}x}x+k_{5\mathrm{ts}z}z)]+B_{5\mathrm{rs}}\exp[\mathrm{i}(\omega t-k_{5\mathrm{rs}x}x-k_{5\mathrm{rs}z}z)] \tag{5.78}$$

非饱和土层 II 中：波从层合波阻板透射到非饱和土层 II 中，产生反射波和透射波，在非饱和土层 II 中的总波场可表示为

固相

$$\varphi_6^{\mathrm{S}}=\sum_{i=1}^{3}\left\{A_{6\mathrm{tp}i}\exp[\mathrm{i}(\omega t-k_{6\mathrm{tp}ix}x+k_{6\mathrm{tp}iz}z)]+A_{6\mathrm{rp}i}\exp[\mathrm{i}(\omega t-k_{6\mathrm{rp}ix}x-k_{6\mathrm{rp}iz}z)]\right\} \tag{5.79}$$

$$\psi_6^{\mathrm{S}}=B_{6\mathrm{ts}}\exp[\mathrm{i}(\omega t-k_{6\mathrm{ts}x}x+k_{6\mathrm{ts}z}z)]+B_{6\mathrm{rs}}\exp[\mathrm{i}(\omega t-k_{6\mathrm{rs}x}x-k_{6\mathrm{rs}z}z)] \tag{5.80}$$

液相和气相

$$\varphi_6^{\mathrm{F}}=\sum_{i=1}^{3}\delta_{\mathrm{F}i}^{\mathrm{II}}\left\{A_{6\mathrm{tp}i}\exp[\mathrm{i}(\omega t-k_{6\mathrm{tp}ix}x+k_{6\mathrm{tp}iz}z)]+A_{6\mathrm{rp}i}\exp[\mathrm{i}(\omega t-k_{6\mathrm{rp}ix}x-k_{6\mathrm{rp}iz}z)]\right\} \tag{5.81}$$

$$\psi_6^{\mathrm{F}}=\delta_{\mathrm{FS}}^{\mathrm{II}}\left\{B_{6\mathrm{ts}}\exp[\mathrm{i}(\omega t-k_{6\mathrm{ts}x}x+k_{6\mathrm{ts}z}z)]+B_{6\mathrm{rs}}\exp[\mathrm{i}(\omega t-k_{6\mathrm{rs}x}x-k_{6\mathrm{rs}z}z)]\right\} \tag{5.82}$$

以上式中，ω 为简谐波圆频率，$\mathrm{i}=\sqrt{-1}$；上标“e”表示基岩层，“w1”表示 WIB_1 层，“w2”表示 WIB_2 层，“w3”表示 WIB_3 层，$\delta_{\mathrm{F}i}^{\mathrm{I,II}}(i=1,2,3)$ 为 F 相 3 个压缩波参与系数，$\delta_{\mathrm{FS}}^{\mathrm{I,II}}$ 为 F 相剪切波参与系数；A，B 分别为 P 波和 S 波的波幅系数；下标“i”“t”“r”分别为入射、透射、反射；1 表示基岩层，2 表示第一层非饱和土层，3 表示 WIB_1，4 表示 WIB_2，5 表示 WIB_3，6 表示第二层非饱和土层。$k_{1\mathrm{rp}x}$、$k_{1\mathrm{is}x}$、$k_{2\mathrm{tp}ix}$、$k_{2\mathrm{rp}ix}$、$k_{2\mathrm{ts}x}$、$k_{2\mathrm{rs}x}$、$k_{3\mathrm{tp}x}$、$k_{3\mathrm{rp}x}$、$k_{3\mathrm{ts}x}$、$k_{3\mathrm{rs}x}$、$k_{4\mathrm{tp}x}$、$k_{4\mathrm{rp}x}$、$k_{4\mathrm{ts}x}$、$k_{4\mathrm{rs}x}$、$k_{5\mathrm{tp}x}$、$k_{5\mathrm{rp}x}$、$k_{5\mathrm{ts}x}$、$k_{5\mathrm{rs}x}$、$k_{6\mathrm{tp}ix}$、$k_{6\mathrm{rp}ix}$、$k_{6\mathrm{ts}x}$、$k_{6\mathrm{rs}x}$ 分别为 P 波和 SV 波在 x 方向的视波数；$k_{1\mathrm{is}x}^2+k_{1\mathrm{is}z}^2=k_{\mathrm{is}}^2$，$k_{1\mathrm{rp}x}^2+k_{1\mathrm{rp}z}^2=k_{\mathrm{rp}}^2$，$k_{2\mathrm{tp}ix}^2+k_{2\mathrm{tp}iz}^2=k_{\mathrm{p}i}^2$，$k_{2\mathrm{ts}x}^2+k_{2\mathrm{ts}z}^2=k_{\mathrm{s}}^2$，$k_{6\mathrm{tp}ix}^2+k_{6\mathrm{tp}iz}^2=k_{\mathrm{p}i}^2$，

$k_{6tsx}^2 + k_{6tsz}^2 = k_s^2$。$k_P$、$k_S$ 分别为 P 波和 S 波的波数，且 $k_P=\omega/c_P$，$k_S=\omega/c_S$、c_P、c_S 为基岩中 P 波和 S 波波速。根据 Snell 定理有

$$k_{1isx} = k_{1rpx} = k_{1rsz} = k_{2tpix} = k_{2rpix} = k_{2tsx} = k_{2rsx} = k_{6tpix} = k_{6rpix} = k_{6tsx} = k_{6rsx} = k_x = k_s \sin\varphi \tag{5.83}$$

2. 问题求解

波场中所有波动满足交界面边界条件。设各层交界面处应力和位移连续，且界面上不透水。不同幅值 A_{1rp}、B_{1rs}、A_{2tpi}、A_{2rpi}、B_{2ts}、B_{2rs}、A_{3tp}、A_{3rp}、B_{3ts}、B_{3rs}、A_{4tp}、A_{4rp}、B_{4ts}、B_{4rs}、A_{5tp}、A_{5rp}、B_{5ts}、B_{5rs}、A_{6tpi}、A_{6rpi}、B_{6ts}、B_{6rs} 可通过分界面处的边界条件确定。引入边界条件（5.37）～（5.57）后，结合式（5.67）～式（5.83）代入式（5.58）～式（5.63），可以得到应力、位移分量与各波波幅系数的关系：

$$\boldsymbol{MN} = B_{1is}\boldsymbol{Q} \tag{5.84}$$

式中，$\boldsymbol{M}$ 为波幅矢量的系数矩阵，矩阵 $\boldsymbol{M}$ 和 $\boldsymbol{Q}$ 的系数详见文献［19］，$\boldsymbol{N} = \left[A_{1rp}\ B_{1rs}\ A_{2tpi}\ B_{2ts}\ A_{2rpi}\ B_{2rs}\ A_{3tp}\ B_{3ts}\ A_{3rp}\ B_{3rs} A_{4tp}\ B_{4ts}\ A_{4rp}\ B_{4rs}\ A_{5tp}\ B_{5ts}\ A_{5rp}\ B_{5rs}\ A_{6tpi}\ B_{6ts}\ A_{6rpi}\ B_{6rs}\right]^{\mathrm{T}}$。

令 $B_{1is}=1$，解方程组可以得到 SV 波从基岩入射透过波阻板到自由地表时场地中产生波场的波幅系数，从而确定场地中的波场，波场确定后，场地中各点的位移、应力均可确定。

5.4.3　隔振性能分析

目前针对 SV 波入射下非饱和土地基地面运动的研究相对较少，为验证本节解答的有效性，取 Li 等[17]研究的基岩－非饱和土体系来对比验证，图 5.10 给出了地表位移放大系数随入射角度的变化曲线。从图 5.10 中可以看出，本节解与文献［17］解有很好的一致性，说明了本节解法的有效性。

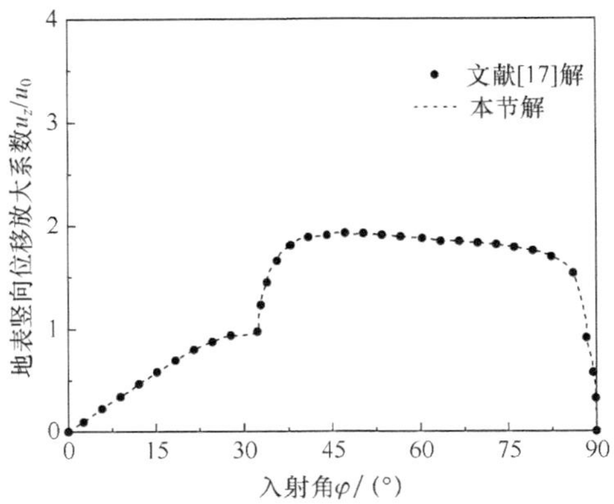

图 5.10　本节解与文献解对比

首先，需要说明的是当 SV 波从单相介质入射到非饱和多孔介质时，存在入射临界角φ_{cr}，P 波和 S 波波速由弹性力学公式可以得到$v_{is}=\sqrt{\mu_e/\rho_e}=1721\text{m/s}$，$v_{rp}=\sqrt{(\lambda_e+2\mu_e)/\rho_e}=3220\text{m/s}$，其中$\varphi_{cr}=\sin^{-1}(v_{is}/v_{rp})\approx 32.3°$。当 S 波入射角度超过临界角度时，波的透射、反射将会消失，因此在后文的讨论中，取入射角的变化范围为 0°～30°。

根据前文提到的波阻抗定义，取层间波阻抗比 γ_1、γ_2、γ_3 为 0.5～20，计算其同时变化下地表竖向位移幅值，选出最小位移值对应的波阻抗比，此时层合波阻板取得最佳隔振效果，进而确定隔振设计的材料参数。讨论波阻板密度有以下六种情况：

Case1：ρ_{w1}=2000kg/m^3，ρ_{w2}=2400kg/m^3，ρ_{w3}=2700kg/m^3；
Case2：ρ_{w1}=2000kg/m^3，ρ_{w2}=2700kg/m^3，ρ_{w3}=2400kg/m^3；
Case3：ρ_{w1}=2400kg/m^3，ρ_{w2}=2000kg/m^3，ρ_{w3}=2700kg/m^3；
Case4：ρ_{w1}=2400kg/m^3，ρ_{w2}=2700kg/m^3，ρ_{w3}=2000kg/m^3；
Case5：ρ_{w1}=2700kg/m^3，ρ_{w2}=2400kg/m^3，ρ_{w3}=2000kg/m^3；
Case6：ρ_{w1}=2700kg/m^3，ρ_{w2}=2000kg/m^3，ρ_{w3}=2400kg/m^3。

取饱和度 S_r=0.8，入射频率 ω=10Hz，入射角φ=30°，层合波阻板厚度 $H_{w1}=H_{w2}=H_{w3}$=0.3m，埋深 H_2=1.0m，图 5.11 分别绘出了六种不同密度情况下地表竖向位移随波阻抗比 γ_1、γ_2 和 γ_3 同时变化的三维曲线。通过数值计算得到的最小位移值如下：

Case 1：γ_1=2.0，γ_2=11.5，γ_3=19.5，$u_{z\,\min}=9.35\times10^{-12}$ m；
Case 2：γ_1=16.0，γ_2=2.5，γ_3=10.5，$u_{z\,\min}=5.14\times10^{-10}$ m；
Case 3：γ_1=16.0，γ_2=2.5，γ_3=10.5，$u_{z\,\min}=8.68\times10^{-12}$m；
Case 4：γ_1=14.5，γ_2=11.5，γ_3=13.0，$u_{z\,\min}=2.33\times10^{-10}$m；
Case 5：γ_1=13.5，γ_2=3.0，γ_3=9.5，$u_{z\,\min}=8.71\times10^{-11}$m；
Case 6：γ_1=6.5，γ_2=16.5，γ_3=4.0，$u_{z\,\min}=4.39\times10^{-8}$m。

综上可得，Case3 中的层合波阻板密度分布情况对应的竖向位移幅值最小，即此时取得最佳隔振效果。后文对层合波阻板隔振效果的分析中，层合波阻板的材料参数与 Case3 取为一致。

取隔振屏障的厚度均为 0.9m，埋深 H_2=1.0m，饱和度 S_r=0.8，入射频率 ω=10Hz，层合波阻板的材料参数取自 Case3，均质波阻板的材料参数与之每层对应。图 5.12 绘制了非饱和土地基中分别设置相同厚度的两种隔振屏障后地表竖向位移振幅衰减系数随入射角的变化曲线。由图 5.12 可知，均质波阻板仅在一定的角度范围内隔振有效，而层合波阻板在 0°～30°均隔振有效，说明层合波阻板对 SV 波的隔离效果优于相同材质的均质波阻板。

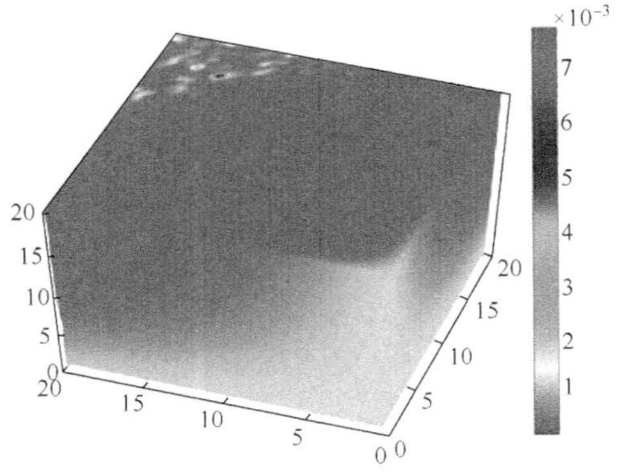

(a) Case 1

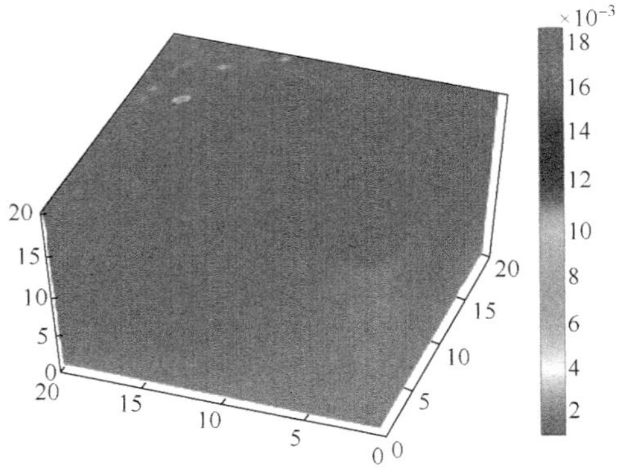

(b) Case 2

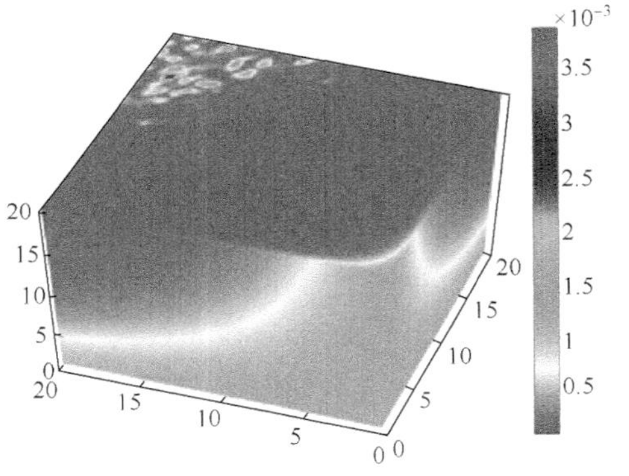

(c) Case 3

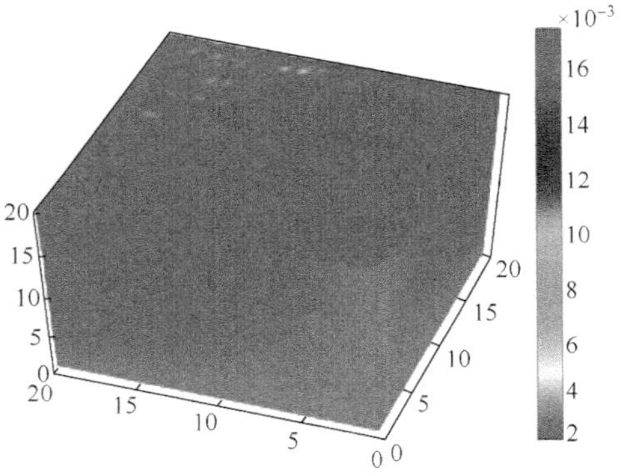

(d) Case 4

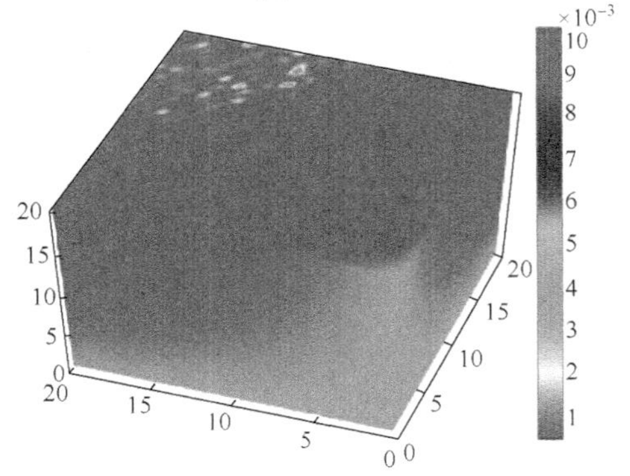

(e) Case 5

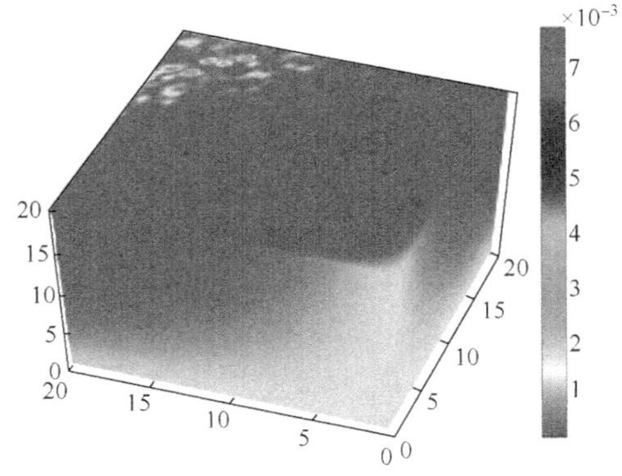

(f) Case 6

图 5.11　地表竖向位移随波阻抗比变化的三维曲线

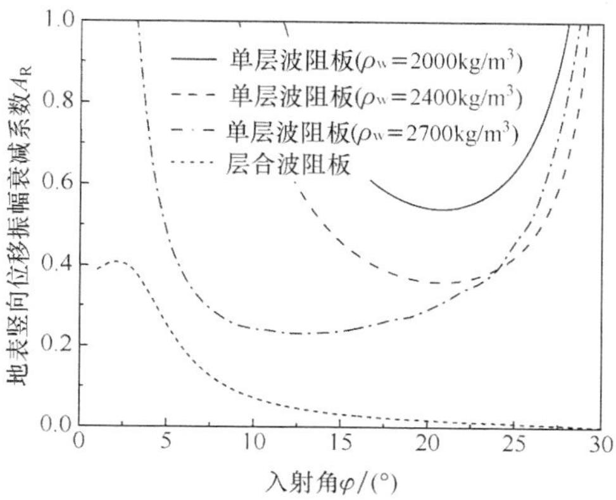

图 5.12　均质波阻板与层合波阻板隔振效果对比

为研究频率对非饱和土地基中层合波阻板隔振效果的影响规律，图 5.13 绘制了埋深 H_2=1.0m，饱和度 S_r=0.8，层合波阻板厚度 H_{w1}=H_{w2}=H_{w3}=0.3m，入射频率 ω=10Hz、50Hz、100Hz 变化下非饱和土地基中设置层合波阻板后地表竖向位移振幅衰减系数随入射角度的变化曲线。从图 5.13 中可以看出，当 SV 波入射角小于 16°时，随着入射频率的增加，层合波阻板的隔振效果逐渐提高。其中，当 ω=50Hz、100Hz 时，其对应的振幅衰减系数均小于 0.2，说明了层合波阻板隔振体系对中、高频隔振的有效性。

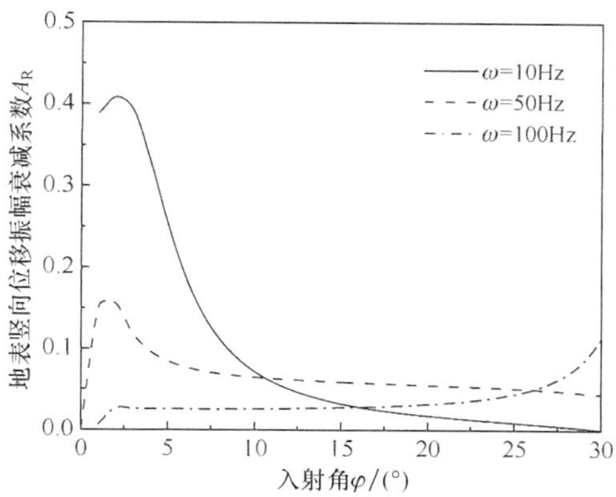

图 5.13　地表竖向位移衰减系数 A_R 随入射频率 ω 变化曲线

为研究饱和度对非饱和土地基中层合波阻板隔振效果的影响规律，图 5.14 给出了层合波阻板厚度 H_{w1}=H_{w2}=H_{w3}=0.3m，埋深 H_2=1.0m，入射频率 ω=10Hz 时，饱和度 S_r=0.2、0.4、0.6 和 0.8 变化下非饱和土地基中设置层合波阻板后地表竖向位移振幅衰减系数随入射角的变化曲线。从图 5.14 中可以看出，随着饱和度增加，地表竖向位移振幅衰减系数先减小后增大，即非饱和土地基中层合波阻板的隔振效果随饱和度的增加先升高后降低。

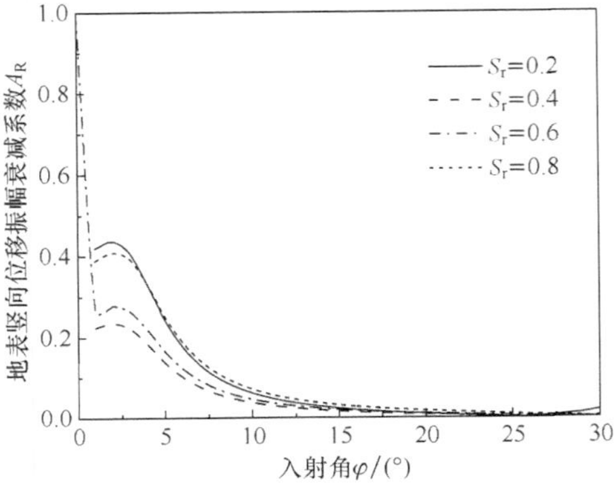

图 5.14　地表竖向位移衰减系数 A_R 随饱和度 S_r 变化曲线

为研究层合波阻板的厚度对其隔振效果的影响规律，图 5.15 绘制了埋深 H_2=1.0m，饱和度 S_r=0.8，入射频率 ω=10Hz，层合波阻板厚度 $H_{w1}=H_{w2}=H_{w3}$=0.3m、0.5m 和 0.7m 变化下地表竖向位移振幅衰减系数随入射角的变化曲线。由图 5.15 可知，随着层合波阻板厚度逐渐增大，其隔振效果逐渐增加。

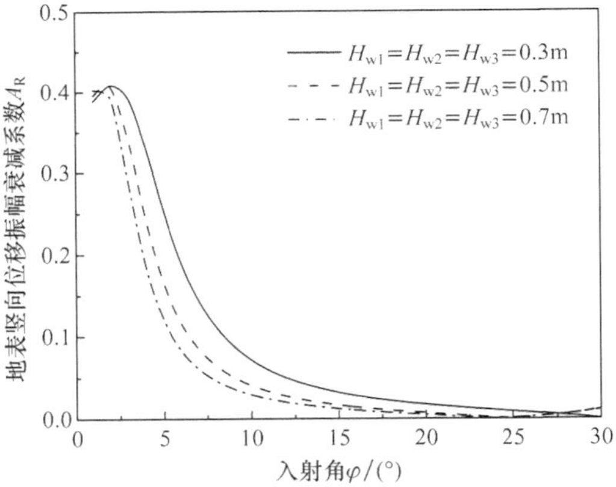

图 5.15　地表竖向位移衰减系数 A_R 随厚度变化曲线

为研究层合波阻板的埋深对其隔振效果的影响规律，图 5.16 绘制了层合波阻板厚度 $H_{w1}=H_{w2}=H_{w3}$=0.3m，饱和度 S_r=0.8，入射频率 ω=10Hz，埋深 H_2=1.0m、2.0m、3.0m 变化下非饱和土地基中设置层合波阻板后地表竖向位移振幅衰减系数随入射角度的变化曲线。从图 5.16 中可以看出，随着埋深增加，层合波阻板的隔振效果逐渐提高。

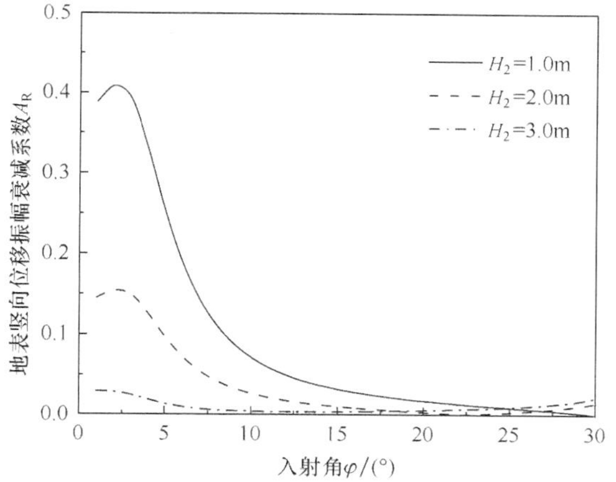

图 5.16 地表竖向位移衰减系数 A_R 随埋深 H_2 变化曲线

参 考 文 献

[1] 舒进辉，马强，常立君. 非饱和土地基中复合多层波阻板对 S 波的隔离效应[J]. 岩土力学，2023，44（1）：217-231.

[2] 舒进辉，马强，张吾渝. 非饱和土地基中 P1 波通过复合多层波阻板的传播特性研究[J]. 振动工程学报，2023，36（2）：445-457.

[3] 舒进辉，马强，周凤玺，等. 非饱和土地基中 P1 波通过波阻板的传播特性研究[J]. 岩土力学，2022，43（4）：1135-1146.

[4] 舒进辉，马强，常立君. 非饱和土地基中复合多层波阻板对 S 波的隔离效应[J]. 岩土力学，2023，44（1）：217-231.

[5] 陈炜昀，夏唐代，陈伟，等. 平面 P 波在弹性介质和非饱和多孔弹性介质分界面上的传播[J]. 应用数学和力学，2012，33（7）：781-795.

[6] SHU J H，MA Q. Theoretical study of S-wave passing through an elastic wave impeding block in the unsaturated soil[J]. Journal of Vibration Engineering & Technologies，2023，11（1）：193-206.

[7] ZHANG M，MA Q，ZHANG W Y. Study on vibration isolation performance of double-layer wave impeding block based on wave impedance ratio[J]. Iranian Journal of Science and Technology，Transactions of Mechanical Engineering，2023，https: //doi.org/10.1007/s40997-022-00574-1.

[8] ZHANG M，MA Q. Analysis of vibration isolation effect of double-layer WIB based on wave impedance ratio[J]. Geotechnical and Geological Engineering，2023，https: //doi.org/10.1007/s10706-023-02482-w.

[9] ZHANG M，MA Q. Study on the optimal vibration isolation design and effect of composite multilayer wave impeding block[J]. Mechanics of Solids，2022，57（4）：904-920.

[10] MA Q，SHU J H，ZHOU F X. Theoretical study of S wave passing through a double-layer wave impeding block in the unsaturated soil[J]. Computers and Geotechnics，2022，152：105018.

[11] MA Q，SHU J H. Theoretical study of P1 wave passing_through a double-layer wave impeding_block in the unsaturated soil[J]. Journal of Vibration and Control，2022：10.1177/10775463221116668.

[12] MA Q，JIANG Y. Isolation effect of P-wave by double-layer wave impeding barrier in unsaturated foundations[J]. International Journal of Structural Stability and Dynamics，2023，23（14）：2350165.

[13] JIANG Y，MA Q. Study on vibration isolation effect of wave impeding block in unsaturated soil under S-wave incidence[J]. Acta Mechanica，2022，https: //doi.org/10.1007/s00707-022-03277-5.

[14] VAN GENUCHTEN M TH. A closed-form equation for predicting the hydraulic conductivity of unsaturated soils[J]. Soil Science Society of America Journal，1980，44（5）：892-898.

[15] CHEN W Y，XIA T D，HU W T. A mixture theory analysis for the surface-wave propagation in an unsaturated porous medium[J]. International Journal of Solids and Structures，2011，48（16）：2402-2412.

[16] JIANG Y，MA Q，BAO Y H. Isolation effect of composite multilayer wave impeding block on P-wave in unsaturated foundation[J]. Journal of Low Frequency Noise，Vibration and Active Control，2023：14613484231175626.

[17] LI W H，ZHENG J，TRIFUNAC M D. Saturation effects on ground motion of unsaturated soil layer-bedrock system excited by plane P and SV waves[J]. Soil Dynamics and Earthquake Engineering，2018，110：159-172.

[18] WOODS R D. Screening of surface waves in soils[J]. Journal of the Soil Mechanics and Foundations Division，1968，94（4）：951-979.

[19] JIANG Y，MA Q，BAO Y H. Study on the isolation effect of a composite multilayer wave impeding block on the S-wave in an unsaturated foundation[J]. Journal of Theoretical and Applied Mechanics，2023，61（3）：427-439.

第 6 章　空沟-波阻板联合隔振屏障

6.1　引　　言

基于第 1～5 章的分析，考虑到空沟和波阻板隔振屏障各自的隔振特点，本章对空沟-波阻板联合隔振屏障进行分析和讨论，主要包括完全匹配层吸收边界及其有限元法实现、二维及三维空沟-波阻板联合隔振屏障的隔振性能分析。

6.2　非分裂完全匹配层吸收边界

时域有限单元法是模拟弹性波传播特性的重要方法之一，在地震工程、岩土工程及地球物理等领域有着十分广泛的应用[1]。对于介质的空间尺度非常大，尤其是某些边界为无穷大的情况下，在计算机进行波动数值模拟时，由于受到计算机内存和计算耗时的限制，必须截取有限的空间区域进行模拟[2]，这样就自然引入了人为的介质边界。当弹性波到达这些边界时产生的无实际意义的边界反射波场将会直接影响到对问题的分析和判断。为了减弱或消除上述影响，就必须在人工截止边界上附加一定的边界条件，通常被称为吸收边界条件[3]，用来模拟外行波从近场有限域通过人工边界无反射地进入远场无限域这一波动单向传播的物理过程。迄今已有多种吸收边界被广泛应用。完全匹配层（perfect matched layer, PML）是由 Berenger[4] 在计算电磁场波动问题中提出的一种新的吸收边界条件，在理论上该方法能完全吸收以任意角度和任意频率入射的波。

复伸展坐标（complex coordinate stretching，CCS）变换是 PML 吸收边界的核心，下面将对其进行简要介绍。考虑如图 6.1 所示的平面弹性波入射到 PML 吸收边界。平面谐波的解可表示为

$$u = A\exp[-\mathrm{i}(k_j x_j - \omega t)] \tag{6.1}$$

式中，$u = u(x_1, x_2, x_3, t)$ 为位移；A 和 ω 分别为振幅和角频率；k_j 为沿 x_j（j=1,2,3）方向上的波数。

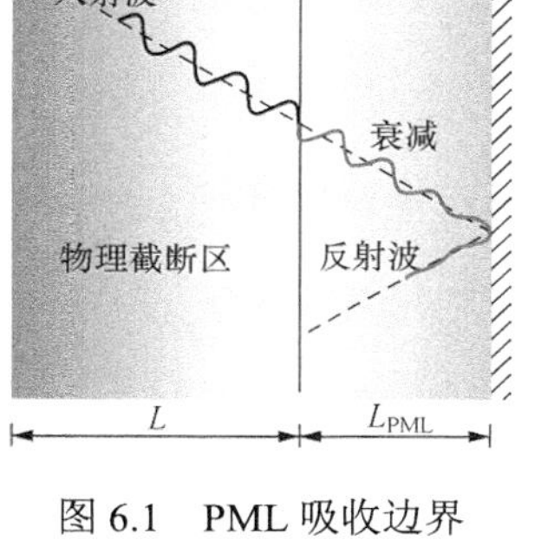

图 6.1　PML 吸收边界

PML通过复伸展坐标变换将空间变量映射到复空间[5]。引入复坐标变量：

$$\tilde{x}_j = x_j + \frac{1}{\mathrm{i}\omega}\int_0^{x_j} \zeta_j(x)\,\mathrm{d}x_j \tag{6.2}$$

式中，ζ_j（j=1,2,3）为沿x_j方向的衰减函数，其值在PML吸收层Ω^{PML}内，衰减函数$\zeta_j > 0$为正，在吸收层以外的物理区Ω^{RD}中$\zeta_j = 0$。

利用式（6.2），将式（6.1）中的坐标变量x_j替换为$\tilde{x}_j$可以得到

$$\tilde{u} = A\exp[-\mathrm{i}(k_j x_j - \omega t)]\exp\left[-\frac{k_j}{\omega}\int_0^{j} \zeta_j(x'_j)\mathrm{d}x'_j\right] \tag{6.3}$$

由于衰减函数ζ_j在被截断的物理区域（包含截断边界）中为零，由式（6.3）可以得到

$$\tilde{u} = A\exp[-\mathrm{i}(k_j x_j - \omega t)] \tag{6.4}$$

上式表明，坐标变换（6.2）并没有改变平面波在物理区的解（6.1）。当在PML这一非物理域中，弹性波呈指数衰减，衰减系数可表示为

$$\eta' = \exp\left[-\frac{k_j}{\omega}\int_0^{x_j} \zeta_j(x'_j)\mathrm{d}x'_j\right] \tag{6.5}$$

由于$k_j / \omega = 1 / c_j$，即相速度在j方向上的倒数，式（6.5）表明 PML 的衰减率与弹性波入射频率无关，也就是说所有波均按照相同的衰减率进行衰减，同时也表明在 PML 和物理区域的交界处没有反射波产生。

传统的 PML 吸收边界采用弹性波的一阶应力-速度方程，通过把位移场分裂成垂直于边界和平行于边界的 2 项来实现，不便于直接将其应用到二阶弹性波动方程中。本节将介绍二阶分裂 PML 吸收边界及其有限元实现，下面将基于二维均质各向同性介质的弹性波动方程，通过理论推导，给出了一种在直角坐标系下的非分裂 PML 时域有限元方法的计算列式。

6.2.1 非分裂完全匹配层方程的建立

考虑二维弹性半空间动力学问题，用矩阵形式表示的弹性波基本方程如下：

$$\boldsymbol{L}^{\mathrm{T}}\boldsymbol{\sigma} + \boldsymbol{f} = \rho\ddot{\boldsymbol{u}} \tag{6.6}$$

$$\boldsymbol{\sigma} = \boldsymbol{D}\,\boldsymbol{\varepsilon} \tag{6.7}$$

$$\boldsymbol{\varepsilon} = \boldsymbol{L}\boldsymbol{u} \tag{6.8}$$

式中，$\boldsymbol{\sigma}$为应力张量；$\boldsymbol{\varepsilon}$为应变张量；$\boldsymbol{u}$为位移矢量；$\boldsymbol{f}$为外力矢量；$\boldsymbol{D}$为弹性张量；ρ为弹性介质的密度；$\boldsymbol{L}$为线性微分算子。且有

$$\boldsymbol{\sigma}=\begin{Bmatrix}\sigma_{11}\\ \sigma_{33}\\ \sigma_{13}\end{Bmatrix},\quad \boldsymbol{\varepsilon}=\begin{Bmatrix}\varepsilon_{11}\\ \varepsilon_{33}\\ \varepsilon_{13}\end{Bmatrix},\quad \boldsymbol{u}=\begin{Bmatrix}u_1\\ u_3\end{Bmatrix},\quad \boldsymbol{f}=\begin{Bmatrix}f_1\\ f_3\end{Bmatrix},$$

$$\boldsymbol{D}=\begin{bmatrix}\lambda+2\mu & \lambda & 0\\ \lambda & \lambda+2\mu & 0\\ 0 & 0 & \mu\end{bmatrix},\quad \boldsymbol{L}=\begin{Bmatrix}\dfrac{\partial}{\partial x_1} & 0\\ 0 & \dfrac{\partial}{\partial x_3}\\ \dfrac{\partial}{\partial x_3} & \dfrac{\partial}{\partial x_1}\end{Bmatrix}$$

式中，λ和μ为拉梅系数。

考虑弹性波在半空间无限平面区域$\Omega=(-\infty,\infty)\times[0,\infty)$内传播，为了进行数值计算，将无限区域进行人为截断，计算区域限制为一个有限的矩形区域Ω^{RD}，且弹性波的波源限制在矩形计算区域$\Omega^{\mathrm{RD}}=(-a_1,a_1)\times(0,a_3)$，$a_1>0$，$a_3>0$的内部。在所选研究区域$\Omega^{\mathrm{RD}}$周围加上一定厚度的特殊介质层$\Omega^{\mathrm{PML}}$，该层介质的波阻抗与所截区域介质的波阻抗完全匹配，入射波可毫无反射地穿过这个分界面进入PML 区域，并且进入该层的透射波衰减迅速，使 PML 具有很好的吸波性能，如图 6.2 所示。

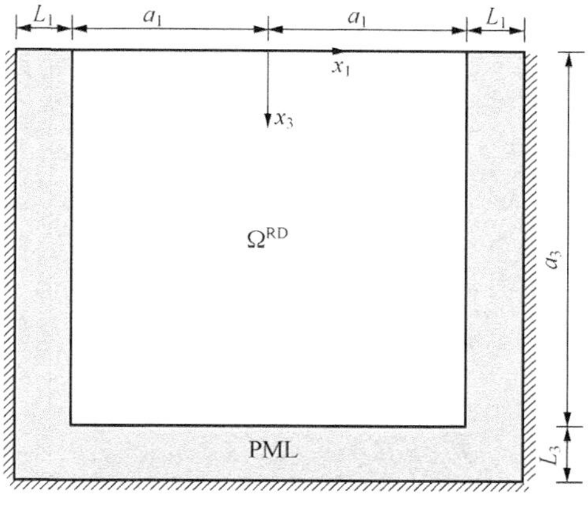

图 6.2　PML 吸收边界示意图

联合式（6.1）～式（6.3）可以得到由位移表示的控制方程：

$$(\lambda+2\mu)\frac{\partial^2 u_1}{\partial x_1^2}+(\lambda+\mu)\frac{\partial^2 u_3}{\partial x_1\partial x_3}+\mu\frac{\partial^2 u_1}{\partial x_3^2}=\rho\frac{\partial^2 u_1}{\partial t^2} \tag{6.9a}$$

$$(\lambda+2\mu)\frac{\partial^2 u_3}{\partial x_3^2}+(\lambda+\mu)\frac{\partial^2 u_1}{\partial x_1\partial x_3}+\mu\frac{\partial^2 u_3}{\partial x_1^2}=\rho\frac{\partial^2 u_3}{\partial t^2} \tag{6.9b}$$

对时间变量 t 进行傅里叶（Fourier）变换如下：

$$\hat{u}_i(x_1,x_3,\omega)=\int_{-\infty}^{\infty}\mathrm{e}^{\mathrm{i}\omega t}u_i(x_1,x_3,t)\mathrm{d}t \tag{6.10}$$

对式（6.4）进行傅里叶变换，即将波动方程由时域变换到频域，弹性波动方程可以改写为

$$(\lambda+2\mu)\frac{\partial^2\hat{u}_1}{\partial x_1^2}+(\lambda+\mu)\frac{\partial^2\hat{u}_3}{\partial x_1\partial x_3}+\mu\frac{\partial^2\hat{u}_1}{\partial x_3^2}=-\rho\omega^2\hat{u}_1 \tag{6.11a}$$

$$(\lambda+2\mu)\frac{\partial^2\hat{u}_3}{\partial x_3^2}+(\lambda+\mu)\frac{\partial^2\hat{u}_1}{\partial x_1\partial x_3}+\mu\frac{\partial^2\hat{u}_3}{\partial x_1^2}=-\rho\omega^2\hat{u}_3 \tag{6.11b}$$

引入复伸展坐标（6.2），根据链式法则有

$$\frac{\partial}{\partial\tilde{x}_i}=\frac{\mathrm{i}\omega}{\mathrm{i}\omega+\zeta_i}\frac{\partial}{\partial x_i} \tag{6.12}$$

式中，$\zeta_i(i=1,3)$ 为 x_i 方向的衰减函数。令

$$\gamma_j=1+\frac{\zeta_j}{\mathrm{i}\omega} \tag{6.13}$$

结合式（6.12）和式（6.13），并在方程两边同乘 $\gamma_1\gamma_3$，整理后即可得出复伸展坐标系下的控制方程：

$$(\lambda+\mu)\left(\frac{\partial}{\partial x_1}\frac{\gamma_3}{\gamma_1}\frac{\partial\hat{u}_1}{\partial x_1}+\frac{\partial}{\partial x_1}\frac{\gamma_3}{\gamma_3}\frac{\partial\hat{u}_3}{\partial x_3}\right)+\mu\left(\frac{\partial}{\partial x_1}\frac{\gamma_3}{\gamma_1}\frac{\partial\hat{u}_1}{\partial x_1}+\frac{\partial}{\partial x_3}\frac{\gamma_1}{\gamma_3}\frac{\partial\hat{u}_1}{\partial x_3}\right)=-\rho\omega^2\hat{u}_1\gamma_1\gamma_3 \tag{6.14a}$$

$$(\lambda+\mu)\left(\frac{\partial}{\partial x_3}\frac{\gamma_1}{\gamma_1}\frac{\partial\hat{u}_3}{\partial x_3}+\frac{\partial}{\partial x_3}\frac{\gamma_1}{\gamma_3}\frac{\partial\hat{u}_1}{\partial x_3}\right)+\mu\left(\frac{\partial}{\partial x_1}\frac{\gamma_3}{\gamma_1}\frac{\partial\hat{u}_3}{\partial x_1}+\frac{\partial}{\partial x_3}\frac{\gamma_1}{\gamma_3}\frac{\partial\hat{u}_3}{\partial x_3}\right)=-\rho\omega^2\hat{u}_3\gamma_1\gamma_3 \tag{6.14b}$$

根据式（6.13），可以得到以下关系式：

$$-\omega^2\gamma_1\gamma_3=-\omega^2+\mathrm{i}\omega\left(\zeta_1+\zeta_3\right)+\zeta_1\zeta_3 \tag{6.15a}$$

$$\frac{\gamma_3}{\gamma_1}=1+\frac{\zeta_3-\zeta_1}{\mathrm{i}\omega+\zeta_1} \tag{6.15b}$$

$$\frac{\gamma_1}{\gamma_3}=1+\frac{\zeta_1-\zeta_3}{\mathrm{i}\omega+\zeta_3} \tag{6.15c}$$

将式（6.15）代入式（6.14）可以得到

$$
\begin{aligned}
&(\lambda+\mu)\left(\frac{\partial^2 \hat{u}_1}{\partial x_1^2}+\frac{\partial^2 \hat{u}_3}{\partial x_1 \partial x_3}\right)+\mu \frac{\partial}{\partial x_3}\left(\frac{\zeta_1-\zeta_3}{\mathrm{i}\omega+\zeta_3}\frac{\partial \hat{u}_1}{\partial x_3}\right) \\
&+(\lambda+2\mu)\frac{\partial}{\partial x_1}\left(\frac{\zeta_3-\zeta_1}{\mathrm{i}\omega+\zeta_1}\frac{\partial \hat{u}_1}{\partial x_1}\right)+\mu\left(\frac{\partial^2 \hat{u}_1}{\partial x_1^2}+\frac{\partial^2 \hat{u}_1}{\partial x_3^2}\right) \\
&=\rho \hat{u}_1[-\omega^2+\mathrm{i}\omega(\zeta_1+\zeta_3)+\zeta_1\zeta_3]
\end{aligned}
\tag{6.16a}
$$

$$
\begin{aligned}
&(\lambda+\mu)\left(\frac{\partial^2 \hat{u}_3}{\partial x_3^2}+\frac{\partial^2 \hat{u}_1}{\partial x_1 \partial x_3}\right)+\mu \frac{\partial}{\partial x_1}\left(\frac{\zeta_3-\zeta_1}{\mathrm{i}\omega+\zeta_1}\frac{\partial \hat{u}_3}{\partial x_1}\right) \\
&+(\lambda+2\mu)\frac{\partial}{\partial x_3}\left(\frac{\zeta_1-\zeta_3}{\mathrm{i}\omega+\zeta_3}\frac{\partial \hat{u}_3}{\partial x_3}\right)+\mu\left(\frac{\partial^2 \hat{u}_3}{\partial x_1^2}+\frac{\partial \hat{u}_3}{\partial x_3^2}\right) \\
&=\rho \hat{u}_3[-\omega^2+\mathrm{i}\omega(\zeta_1+\zeta_3)+\zeta_1\zeta_3]
\end{aligned}
\tag{6.16b}
$$

引入辅助函数$\boldsymbol{\Phi}=\{\phi_1 \quad \phi_2 \quad \phi_3 \quad \phi_4\}^{\mathrm{T}}$，$\phi_i$的傅里叶变换分量可以定义为

$$\hat{\phi}_1=\frac{\zeta_3-\zeta_1}{\mathrm{i}\omega+\zeta_1}\frac{\partial \hat{u}_1}{\partial x_1} \tag{6.17a}$$

$$\hat{\phi}_2=\frac{\zeta_1-\zeta_3}{\mathrm{i}\omega+\zeta_3}\frac{\partial \hat{u}_3}{\partial x_3} \tag{6.17b}$$

$$\hat{\phi}_3=\frac{\zeta_1-\zeta_3}{\mathrm{i}\omega+\zeta_3}\frac{\partial \hat{u}_1}{\partial x_3} \tag{6.17c}$$

$$\hat{\phi}_4=\frac{\zeta_3-\zeta_1}{\mathrm{i}\omega+\zeta_1}\frac{\partial \hat{u}_3}{\partial x_1} \tag{6.17d}$$

也可写成如下形式：

$$(\mathrm{i}\omega+\zeta_1)\hat{\phi}_1=(\zeta_3-\zeta_1)\frac{\partial \hat{u}_1}{\partial x_1} \tag{6.18a}$$

$$(\mathrm{i}\omega+\zeta_3)\hat{\phi}_2=(\zeta_1-\zeta_3)\frac{\partial \hat{u}_3}{\partial x_3} \tag{6.18b}$$

$$(\mathrm{i}\omega+\zeta_3)\hat{\phi}_3=(\zeta_1-\zeta_3)\frac{\partial \hat{u}_1}{\partial x_3} \tag{6.18c}$$

$$(\mathrm{i}\omega+\zeta_1)\hat{\phi}_4=(\zeta_3-\zeta_1)\frac{\partial \hat{u}_3}{\partial x_1} \tag{6.18d}$$

将辅助函数式（6.18）代入式（6.16）中，并从频域转换到时域后可以得到时域非分裂 PML 吸收边界的表达式：

$$(\lambda+2\mu)\frac{\partial^2 u_1}{\partial x_1^2}+(\lambda+\mu)\frac{\partial^2 u_3}{\partial x_1 \partial x_3}+\mu\frac{\partial^2 u_1}{\partial x_3^2}+(\lambda+2\mu)\frac{\partial \phi_1}{\partial x_1}+\mu\frac{\partial \phi_3}{\partial x_3}$$

$$=\rho\frac{\partial^2 u_1}{\partial t^2}+\rho(\zeta_1+\zeta_3)\frac{\partial u_1}{\partial t}+\rho\zeta_1\zeta_3 u_1 \tag{6.19a}$$

$$(\lambda+2\mu)\frac{\partial^2 u_3}{\partial x_3^2}+(\lambda+\mu)\frac{\partial^2 u_1}{\partial x_1 \partial x_3}+\mu\frac{\partial^2 u_3}{\partial x_1^2}+(\lambda+2\mu)\frac{\partial \phi_2}{\partial x_3}+\mu\frac{\partial \phi_4}{\partial x_1}$$

$$=\rho\frac{\partial^2 u_3}{\partial t^2}+\rho(\zeta_1+\zeta_3)\frac{\partial u_3}{\partial t}+\rho\zeta_1\zeta_3 u_3 \tag{6.19b}$$

同时将式（6.17）转化到时域，可以得到辅助函数的控制方程为

$$\frac{\partial \phi_1}{\partial t}=-\zeta_1\phi_1+(\zeta_3-\zeta_1)\frac{\partial u_1}{\partial x_1} \tag{6.20a}$$

$$\frac{\partial \phi_2}{\partial t}=-\zeta_3\phi_2+(\zeta_1-\zeta_3)\frac{\partial u_3}{\partial x_3} \tag{6.20b}$$

$$\frac{\partial \phi_3}{\partial t}=-\zeta_3\phi_3+(\zeta_1-\zeta_3)\frac{\partial u_1}{\partial x_3} \tag{6.20c}$$

$$\frac{\partial \phi_4}{\partial t}=-\zeta_1\phi_4+(\zeta_3-\zeta_1)\frac{\partial u_3}{\partial x_1} \tag{6.20d}$$

在 $\Omega^{\mathrm{RD}}\cap\Omega^{\mathrm{PML}}$ 区域的内部，衰减函数 $\zeta_i\ (i=1,3)$ 和辅助矢量 $\boldsymbol{\Phi}$ 均为零，此时方程（6.19）退化为控制方程（6.9），可见上述坐标变换不会影响该计算区域的解答。非分裂 PML 吸收边界中只需引入 4 个标量辅助函数 ϕ_1、ϕ_2、ϕ_3、ϕ_4，即可实现将完全匹配层引入到弹性波动方程中，而且不需要提高时间和空间的阶数，形式简单且易于实现。

6.2.2　非分裂完全匹配层的时域有限元实现

根据有限单元法，将整个计算区域进行离散后，任一单元 Ω^{e} 内的位移 $\boldsymbol{U}$ 表达如下：

$$\boldsymbol{U}=\begin{bmatrix}N_1\boldsymbol{I}, & \cdots, & N_m\boldsymbol{I}\end{bmatrix}\begin{Bmatrix}\boldsymbol{d}^1\\ \vdots \\ \boldsymbol{d}^m\end{Bmatrix}^{\mathrm{e}}=\boldsymbol{N}\boldsymbol{d}^{\mathrm{e}} \tag{6.21}$$

式中，m 是区域 Ω^{e} 内的节点数，N_k 是以节点为基础在点 k 处的形函数，并且 k=1，2，…，m。$\{\boldsymbol{d}^k\}^{\mathrm{e}}=\{u_1^k \quad u_3^k\}^{\mathrm{T}}$ 是在单元 Ω^{e} 内部的节点 k 处的位移向量。

将式（6.21）代入方程（6.19），并利用伽辽金（Galerkin）方法近似后，在计算区域的外侧取 $\boldsymbol{d}$=0，可得问题在时域内的动力有限元方程

$$\boldsymbol{M}\ddot{\boldsymbol{d}} + \boldsymbol{Z}_1\dot{\boldsymbol{d}} + \boldsymbol{Z}_2\boldsymbol{d} + \boldsymbol{K}\boldsymbol{d} = \boldsymbol{F} + \boldsymbol{Q} \tag{6.22}$$

式中，$\boldsymbol{M}$、$\boldsymbol{Z}_1$、$\boldsymbol{Z}_2$、$\boldsymbol{K}$ 分别是质量、阻尼和刚度矩阵；$\boldsymbol{d}$ 是节点位移向量；$\boldsymbol{F}$ 是内力 $\boldsymbol{f}$ 和外力 $\boldsymbol{q}$ 的矢量；$\boldsymbol{Q}$ 是由辅助函数 ϕ_1、ϕ_2、ϕ_3、ϕ_4 的平均值产生的类荷载向量。它们分别由各单元的质量、阻尼、刚度矩阵及荷载矢量组成。在方程（6.22）中考虑了计算区域的外侧为狄利克雷（Dirichlet）边界条件，这样有利于长时间计算过程中对时间积分的稳定性。

$$\boldsymbol{M}^{\mathrm{e}} = \int_{\Omega^{\mathrm{e}}} \boldsymbol{N}^{\mathrm{T}}\rho\boldsymbol{N}\mathrm{d}\Omega^{\mathrm{e}}\,,\quad \boldsymbol{Z}_1^{\mathrm{e}} = \int_{\Omega^{\mathrm{e}}} \boldsymbol{N}^{\mathrm{T}}\rho(\zeta_1+\zeta_3)\boldsymbol{N}\mathrm{d}\Omega^{\mathrm{e}} \tag{6.23a}$$

$$\boldsymbol{Z}_2^{\mathrm{e}} = \int_{\Omega^{\mathrm{e}}} \boldsymbol{N}^{\mathrm{T}}\rho\zeta_1\zeta_3\boldsymbol{N}\mathrm{d}\Omega^{\mathrm{e}}\,,\quad \boldsymbol{K}^{\mathrm{e}} = \int_{\Omega^{\mathrm{e}}} \boldsymbol{B}^{\mathrm{T}}\boldsymbol{D}\boldsymbol{B}\mathrm{d}\Omega^{\mathrm{e}} \tag{6.23b}$$

荷载的单元矩阵 $\boldsymbol{F}$、$\boldsymbol{Q}$ 分别表示为

$$\boldsymbol{F}^{\mathrm{e}} = \int_{\Omega^{\mathrm{e}}} \boldsymbol{N}^{\mathrm{T}}\boldsymbol{f}\mathrm{d}\Omega^{\mathrm{e}} + \int_{\Sigma^{\mathrm{e}}} \boldsymbol{N}^{\mathrm{T}}\boldsymbol{q}\mathrm{d}\Sigma^{\mathrm{e}}\,,\quad \boldsymbol{Q}^{\mathrm{e}} = \int_{\Omega^{\mathrm{e}}} \boldsymbol{H}\mathrm{d}\Omega^{\mathrm{e}}\bar{\boldsymbol{\Phi}}^{\mathrm{e}} \tag{6.24}$$

式中

$$\boldsymbol{B} = \begin{bmatrix} \dfrac{\partial N_1}{\partial x_1} & 0 & \cdots & \dfrac{\partial N_m}{\partial x_1} & 0 \\ 0 & \dfrac{\partial N_1}{\partial x_3} & \cdots & 0 & \dfrac{\partial N_m}{\partial x_3} \\ \dfrac{\partial N_1}{\partial x_3} & \dfrac{\partial N_1}{\partial x_1} & \cdots & \dfrac{\partial N_m}{\partial x_3} & \dfrac{\partial N_m}{\partial x_1} \end{bmatrix}$$

$$\boldsymbol{H} = \begin{bmatrix} (\lambda+2\mu)\dfrac{\partial N_1}{\partial x_1} & 0 & \mu\dfrac{\partial N_1}{\partial x_3} & 0 \\ 0 & (\lambda+2\mu)\dfrac{\partial N_1}{\partial x_3} & 0 & \mu\dfrac{\partial N_1}{\partial x_1} \\ \vdots & \vdots & \vdots & \vdots \\ (\lambda+2\mu)\dfrac{\partial N_m}{\partial x_1} & 0 & \mu\dfrac{\partial N_m}{\partial x_3} & 0 \\ 0 & (\lambda+2\mu)\dfrac{\partial N_m}{\partial x_3} & 0 & \mu\dfrac{\partial N_m}{\partial x_1} \end{bmatrix}$$

在方程（6.24）中，辅助函数 $\bar{\phi}_1$、$\bar{\phi}_2$、$\bar{\phi}_3$、$\bar{\phi}_4$ 为单元内的平均值，定义为

$$\bar{\boldsymbol{\Phi}}^e = \left\{\bar{\phi}_1^e \quad \bar{\phi}_2^e \quad \bar{\phi}_3^e \quad \bar{\phi}_4^e\right\}^{\mathrm{T}},\quad \bar{\phi}_i^e = \sum_{k=1}^{m}\phi_i^e \Big/ m\,,\quad i=1,2,3,4 \tag{6.25}$$

结合式（6.21），方程（6.20）中 ϕ_i 的单元节点值的表示如下：

$$\dot{\boldsymbol{\Phi}}^{\mathrm{e}} = \boldsymbol{\Gamma}_1^1\boldsymbol{\Phi}^{\mathrm{e}} + \boldsymbol{\Gamma}_2^1\boldsymbol{d}^{\mathrm{e}} \tag{6.26}$$

式中

$$
\boldsymbol{\Gamma}_1^1 = \begin{bmatrix} -\zeta_1 & 0 & 0 & 0 \\ 0 & -\zeta_3 & 0 & 0 \\ 0 & 0 & -\zeta_3 & 0 \\ 0 & 0 & 0 & -\zeta_1 \end{bmatrix}
$$

$$
\boldsymbol{\Gamma}_2^1 = \begin{bmatrix} (\zeta_3-\zeta_1)\dfrac{\partial N_1}{\partial x_1} & 0 & \cdots & (\zeta_3-\zeta_1)\dfrac{\partial N_m}{\partial x_1} & 0 \\ 0 & (\zeta_1-\zeta_3)\dfrac{\partial N_1}{\partial x_3} & \cdots & 0 & (\zeta_3-\zeta_1)\dfrac{\partial N_m}{\partial x_3} \\ (\zeta_1-\zeta_3)\dfrac{\partial N_1}{\partial x_3} & 0 & \cdots & (\zeta_1-\zeta_3)\dfrac{\partial N_m}{\partial x_3} & 0 \\ 0 & (\zeta_3-\zeta_1)\dfrac{\partial N_1}{\partial x_1} & \cdots & 0 & (\zeta_3-\zeta_1)\dfrac{\partial N_m}{\partial x_1} \end{bmatrix}
$$

用纽马克（Newmark）时域算法求解方程（6.23）和方程（6.25），根据方程（6.24）得出向量 $\boldsymbol{Q}$，再由方程（6.22）可得出整个弹性区域内各个点的位移。

6.2.3　数值分析与讨论

为验证之前推导的非分裂 PML 的有效性，接下来分别考虑两种荷载作用在二维弹性地基的动力响应。弹性地基材料参数：密度 $\rho = 2000\text{kg}/\text{m}^3$，弹性模量 $E=2\times10^6\text{N}/\text{m}^2$，泊松比 $\nu = 0.3$。将截断后的二维计算区域离散成四节点四边形单元，并通过数值模拟验证非分裂 PML 吸收边界的有效性。其中，衰减函数 $\zeta_i(i=1,3)\geqslant 0$ 的选取可以为常数、线性函数或多次的经验公式，这里选用的衰减函数为

$$
\zeta_i(x_i) = \begin{cases} 0 & |x_i| < a_i, i=1,3 \\ -\dfrac{3c_{\max}\log_{10}(R)}{2L_i}\left(\dfrac{x_i-a_i}{L_i}\right)^2 & a_i \leqslant |x_i| \leqslant a_i + L_i, i=1,3 \end{cases} \tag{6.27}
$$

式中，$c_{\max}$ 为计算区域内的最大波速；$L_i(i=1,3)$ 为 PML 的本身厚度；R 为理论反射系数。在数值试验中，参数值选为 $R=10^{-8}$，$L=20\Delta l$，Δl 为单元厚度。

1. 内部爆炸源

从半无限弹性介质中截取一个 10m×10m 的矩形区域，如图 6.3 所示，PML 厚度为 2m，在区域内选择五个波的接收点 sp1、sp2、sp3、sp4、sp5。完全匹配层和矩形区域均采用网格间距为 0.1m 的四边形单元。产生 P 波的爆炸源荷载函数为

$$f(x_1,x_3,t)=\frac{\mathrm{e}^{-7(r/r_d)^2}}{r_d^2}[1-2(\pi f_0 t)^2]\exp[-(\pi f_0 t)^2] \tag{6.28}$$

式中，$r=\sqrt{(x_1-x_{1c})^2+(x_3-x_{3c})^2}$，爆炸源的半径取 r_d=0.5m，荷载中心点（x_{1c}，x_{3c}）为（0m，5m），荷载随时间变化的函数为 Richer 子波形式。主频率 f_0=30Hz，幅值为 1kPa，动荷载的时域及频谱曲线如图 6.4 所示。

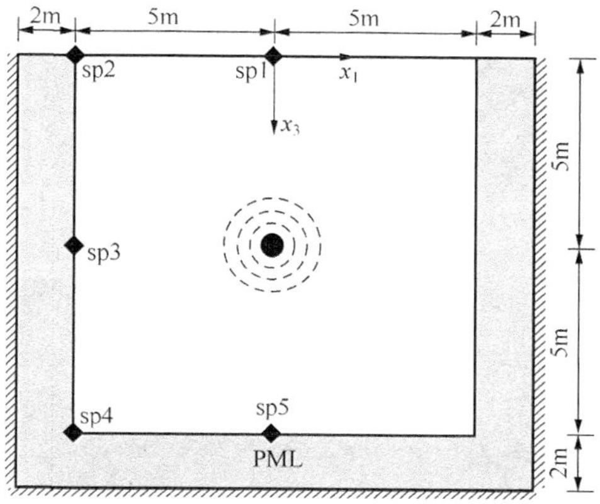

图 6.3　爆炸荷载作用下 PML 边界模型

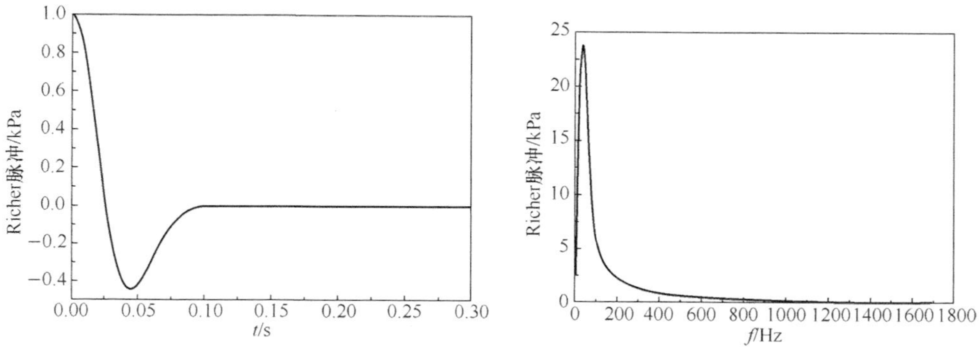

图 6.4　动荷载的时域及频谱曲线

在模拟过程中，时间步长 Δt 的选择条件为 $\Delta t \leqslant \min(\Delta l)/(\sqrt{2}c_{\max})$，这里时间步长采用 0.0002s，总运行时间 0.3s。图 6.5 给出了不同时间点处的竖向位移的波场图。从图 6.5 中可知在左、右及下侧，有 PML 包围的区域处波被吸收，而顶部没有 PML 的边界波发生了反射。为判断非分裂 PML 的精确性，用 ANSYS 软件计算一个 100m×100m 的大区域。图 6.6 给出了在有 PML 的边界及扩大区域两种条件下各接收点的竖向位移时程曲线。经过对比可知曲线非常一致，证明了非分裂 PML 的适用性及精确性。

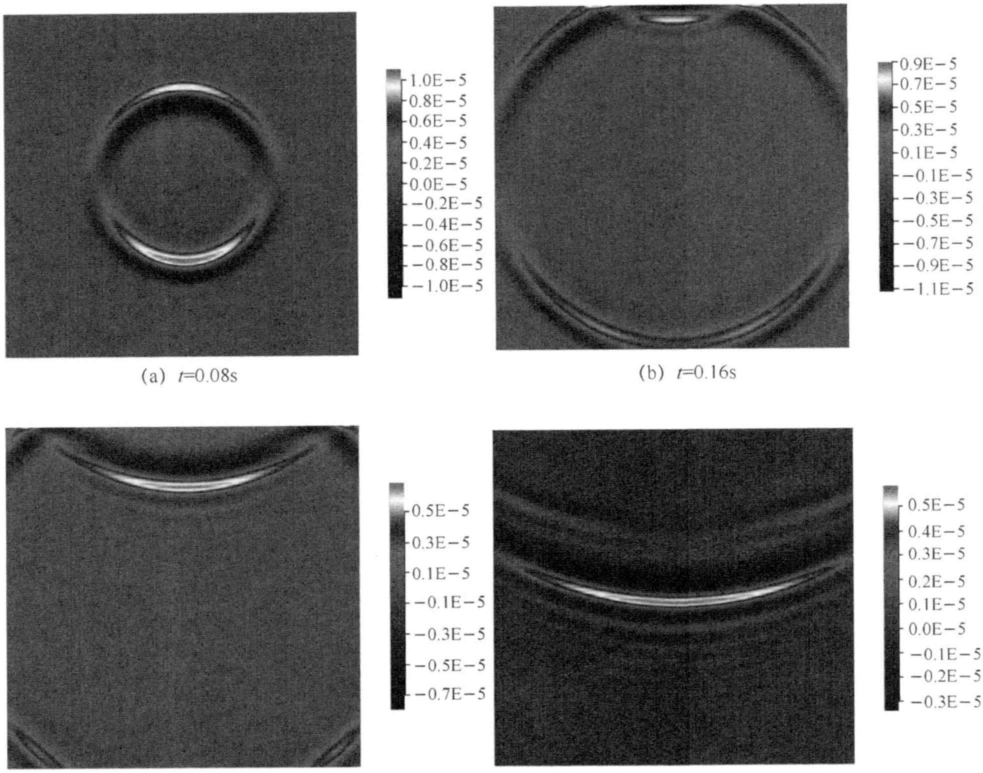

(a) t=0.08s　(b) t=0.16s

(c) t=0.20s　(d) t=0.30s

图 6.5　计算区域的竖向位移波场图（单位：m）

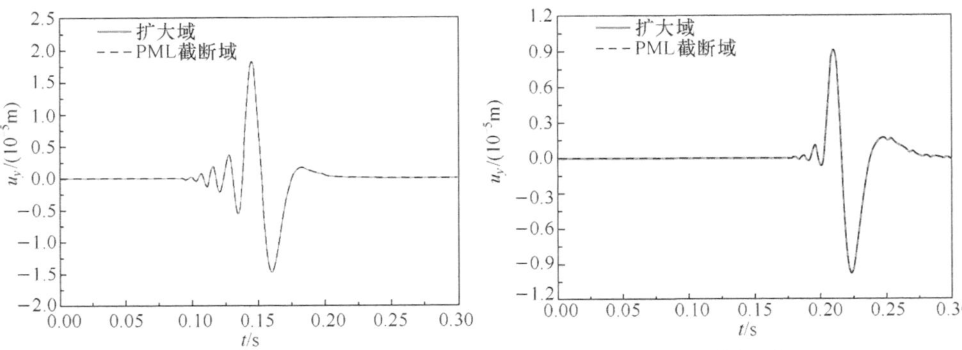

(a) sp1　(b) sp2

图 6.6　扩大区域和 PML 截断的区域内各接收点的竖向位移时程曲线

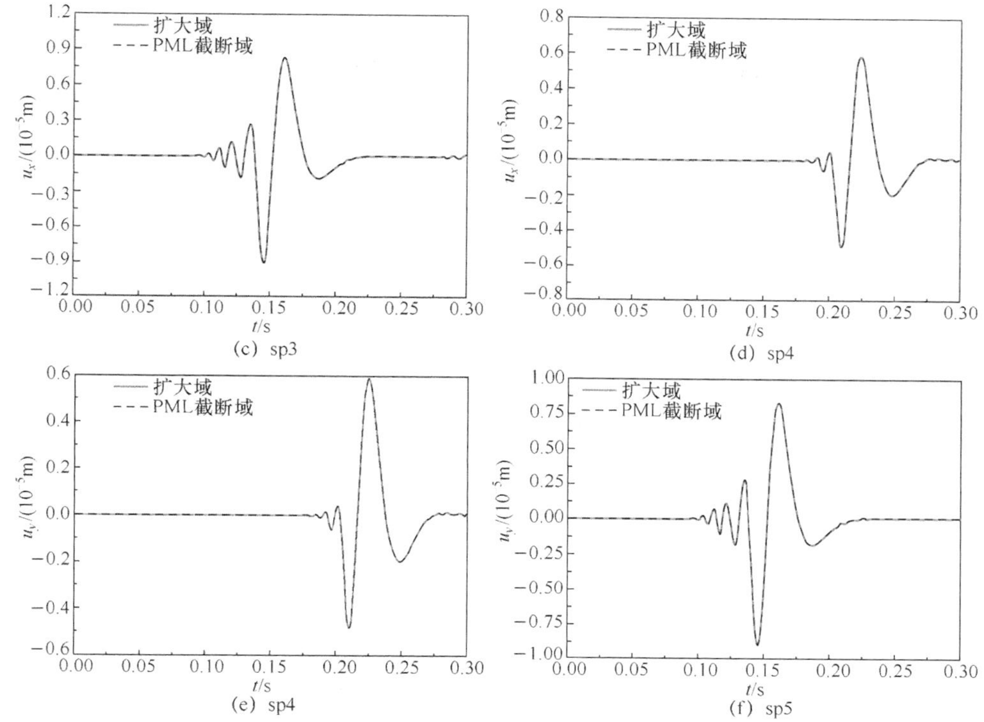

图 6.6（续）

2. 表面垂直集中动荷载

当表面作用一个振幅为 1kN 的垂直集中动荷载时，选择和爆炸源模型相同的五个接收点，如图 6.7 所示。时间函数同样选用 Richer 子波，主频率 $f_0 = 30\text{Hz}$，动荷载的时域及频谱曲线和图 6.4 一致。

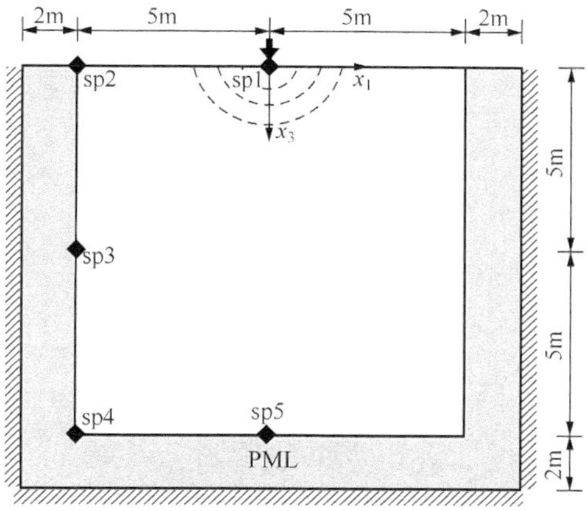

图 6.7　垂直集中荷载作用在 PML 截断后的区域

与上一个算例相同，用 ANSYS 软件计算一个 100m×100m 的大区域。图 6.8 给出了不同时刻计算区域的竖向位移波场图，由图 6.8 可知，在表面垂直集中动荷载作用下，弹性波逐渐向外扩散，当到达 PML 处波被吸收，并且没有边界反射。图 6.9 给出了两种区域模拟下各接收点的位移时程曲线，同样可看出曲线一致。

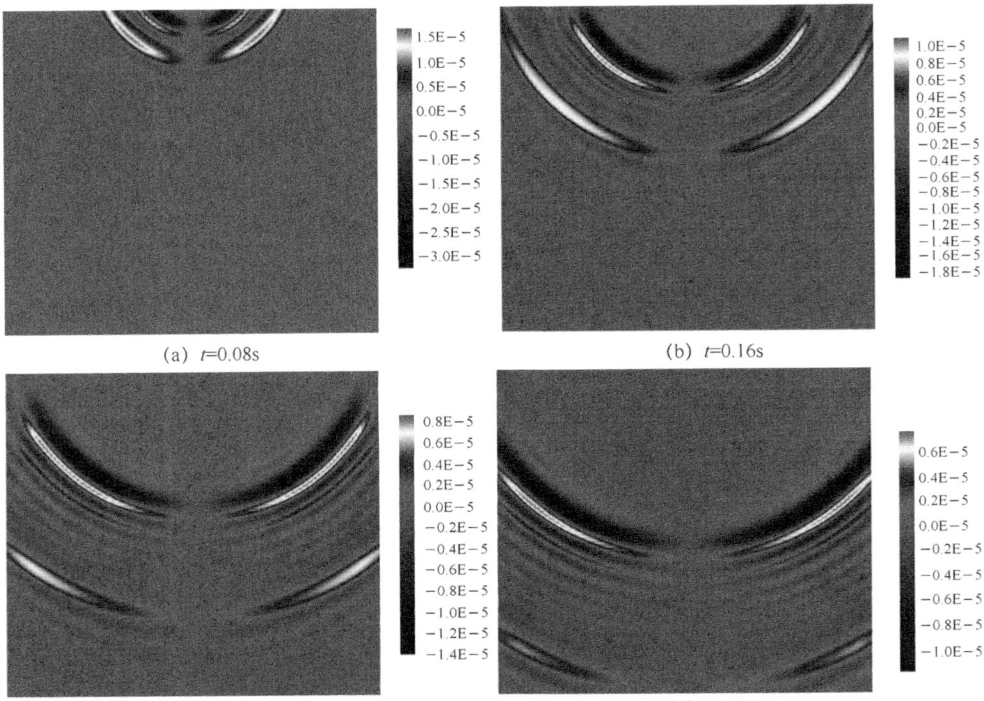

(a) t=0.08s　　(b) t=0.16s

(c) t=0.20s　　(d) t=0.30s

图 6.8　表面垂直荷载引起的计算区域内的波场图（单位：m）

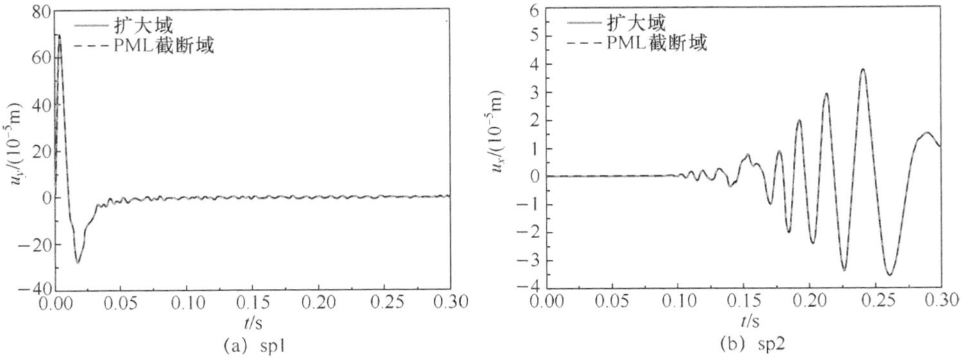

(a) sp1　　(b) sp2

图 6.9　扩大区域和 PML 截断的区域内各接收点的位移时程曲线

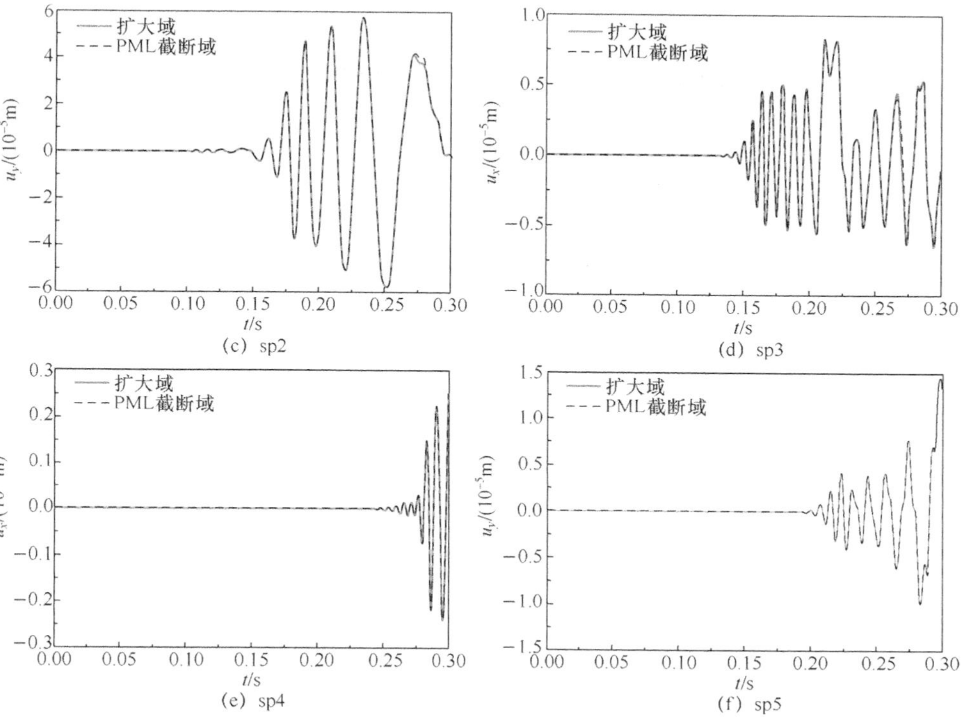

(c) sp2　(d) sp3　(e) sp4　(f) sp5

图 6.9（续）

6.3　空沟-波阻板联合隔振屏障的二维分析

由于人工振动的来源繁多，且振动波中大多包含了各种频段的波，只用空沟或波阻板屏障尚不足以达到理想的隔振效果[1-2]，同时也为了改善现有屏障的隔振效果，结合空沟和波阻板屏障各自的特点，周凤玺等[6-11]提出了空沟-波阻板联合隔振体系，利用空沟和波阻板各自的优势，在空沟下方埋置一定深度的波阻板（图 6.10），以期能达到更好的隔振效果。

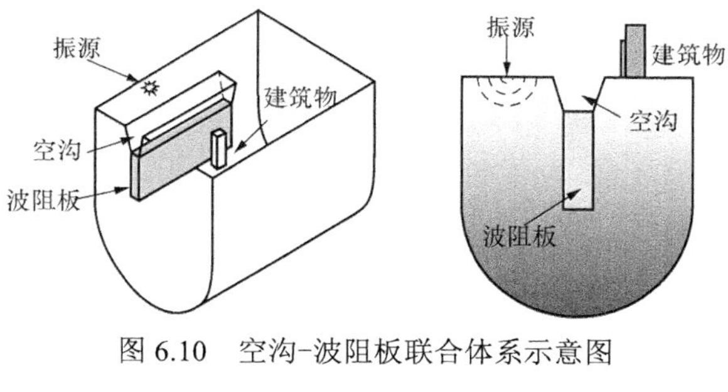

图 6.10　空沟-波阻板联合体系示意图

6.3.1 频域有限元计算列式

根据 6.2 节的推导结果，将方程（6.22）进行傅里叶变换后可以得到 PML 吸收边界在频域中的有限元格式为

$$\boldsymbol{S}\boldsymbol{d}=\boldsymbol{F} \tag{6.29}$$

式中，$\boldsymbol{d}$ 为频域内的节点位移矢量；$\boldsymbol{S}=-\omega^2\boldsymbol{M}+\mathrm{i}\omega\boldsymbol{Z}_1+\boldsymbol{Z}_2+\boldsymbol{K}+\boldsymbol{C}_1+\boldsymbol{C}_2$ 为频域内动力刚度矩阵，其中 $\boldsymbol{M}$ 和 $\boldsymbol{K}$ 分别为整体质量矩阵和整体刚度矩阵；$\boldsymbol{Z}_1$、$\boldsymbol{Z}_2$、$\boldsymbol{C}_1$、$\boldsymbol{C}_2$ 分别为因 PML 引起的阻尼矩阵；$\boldsymbol{F}$ 为由外力引起的节点荷载矢量。它们分别由各单元矩阵组成，且有

$$\boldsymbol{M}^{\mathrm{e}}=\int_{\Omega^{\mathrm{e}}}\boldsymbol{N}^{\mathrm{T}}\rho\boldsymbol{N}\mathrm{d}\Omega^{\mathrm{e}},\quad \boldsymbol{Z}_1^{\mathrm{e}}=\int_{\Omega^{\mathrm{e}}}\boldsymbol{N}^{\mathrm{T}}\rho(\zeta_1+\zeta_3)\boldsymbol{N}\mathrm{d}\Omega^{\mathrm{e}},\quad \boldsymbol{Z}_2^{\mathrm{e}}=\int_{\Omega^{\mathrm{e}}}\boldsymbol{N}^{\mathrm{T}}\rho\zeta_1\zeta_3\boldsymbol{N}\mathrm{d}\Omega^{\mathrm{e}},$$

$$\boldsymbol{K}^{\mathrm{e}}=\int_{\Omega^{\mathrm{e}}}\boldsymbol{B}^{\mathrm{T}}\boldsymbol{D}\boldsymbol{B}\mathrm{d}\Omega^{\mathrm{e}},\quad \boldsymbol{C}_1^{\mathrm{e}}=(\lambda+2\mu)\int_{\Omega^{\mathrm{e}}}\frac{\zeta_3-\zeta_1}{\mathrm{i}\omega+\zeta_1}\boldsymbol{\Gamma}_1\mathrm{d}\Omega^{\mathrm{e}},\quad \boldsymbol{C}_2^{\mathrm{e}}=\mu\int_{\Omega^{\mathrm{e}}}\frac{\zeta_1-\zeta_3}{\mathrm{i}\omega+\zeta_3}\boldsymbol{\Gamma}_2\mathrm{d}\Omega^{\mathrm{e}},$$

$$\boldsymbol{F}^{\mathrm{e}}=\int_{\Sigma^{\mathrm{e}}}\boldsymbol{N}^{\mathrm{T}}\boldsymbol{q}d\Sigma^{\mathrm{e}}$$

6.3.2 数值分析与讨论

考虑如图 6.11 所示的二维地基中空沟-波阻板联合隔振体系，地基土的物理学参数包括 Lamé 常数 λ_{s}、μ_{s} 和密度 ρ_{s}；波阻板相应的物理力学参数记为 λ_{w}、μ_{w} 和 ρ_{w}。其中，材料阻尼用复阻尼形式表示，即材料弹性模量 E=（1+iξ）E。各参数取值见表 6.1。

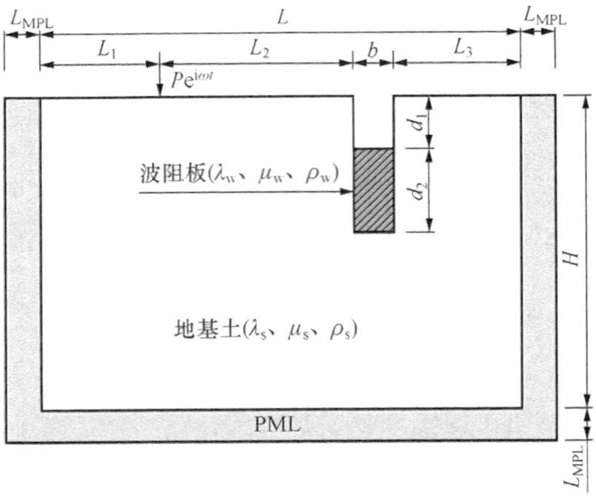

图 6.11　隔振体系示意图

表 6.1　物理力学性质

E_{s}/（N/m²）	υ_{s}	ρ_{s}/（kg/m³）	E_{w}/（N/m²）	υ_{w}	ρ_{w}/（kg/m³）	ξ
1.0×10^7	0.25	2000	1.0×10^9	0.25	2700	0.05

模型中地基截断区域 Ω^{RD} 为 L=31m，H=20m。其中 L_1=5m，L_2=5m，L_3=20m，空沟宽度 b=1m，空沟和波阻板的深度分别为 d_1 和 d_2。地表面受到频率 $\omega=2\pi f$、荷载幅值 P=1kN 的集中简谐荷载作用。

在本算例中采用四边形网格划分，单元大小取为 0.1m，PML 吸收边界厚度取 1m。基于非分裂 PML 吸收边界，采用频域有限元法分别对荷载频率及空沟深度和波阻板弹性模量等对隔振性能的影响规律进行模拟分析。为便于评价，引入振幅衰减系数 A_R 和平均振幅衰减系数 $\overline{A}_R$，分别定义为

$$A_R = \frac{\text{设置隔振屏障的位移幅值}}{\text{无隔振屏障的位移幅值}} \tag{6.30a}$$

$$\overline{A}_R = \frac{1}{L}\int A_R \mathrm{d}x \tag{6.30b}$$

算例中采用竖向位移幅值进行分析，其他的位移分量相类似，并且在进行平均振幅衰减系数的计算中取隔振屏障后 20m 的范围。显然，A_R 和 $\overline{A}_R$ 值越小，隔振效果越好。

1. 空沟和波阻板设置深度的影响

考虑空沟-波阻板屏障的总设置深度 d_1+d_2=8m，为了分析空沟深度和波阻板深度变化对隔振性能的影响，图 6.12 给出了不同荷载频率下，空沟深度分别为 d_1=0m、2m、4m、6m、8m 时地表面振幅衰减系数 A_R 的变化曲线。其中，d_1=0m 和 d_1=8m 分别对应于传统的单一的波阻板隔振屏障和空沟隔振屏障。从图 6.12 中还可以看出，无论是高频还是低频激励，相同的设置深度下采用空沟屏障（d_1=8m）要比波阻板屏障（d_1=0m）的隔振效果要好，尤其是在荷载频率较低时，空沟隔振更具优越性。对于空沟-波阻板联合隔振屏障，随着空沟深度的增加，隔振性能将会提高，同样在低频的时候更加明显。

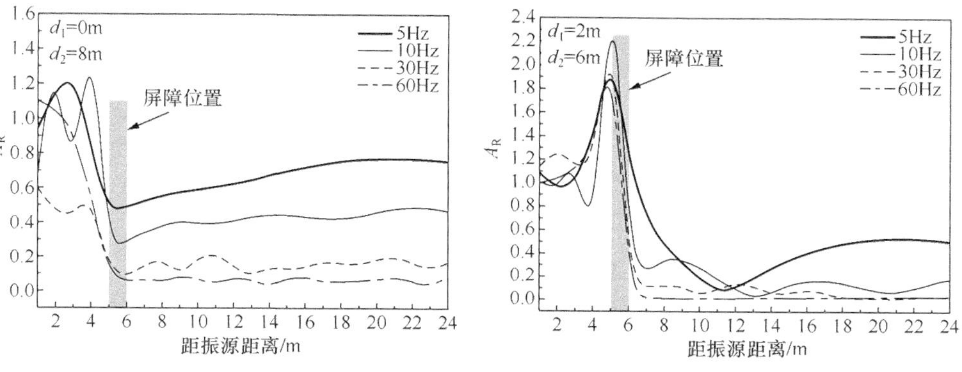

图 6.12　空沟和波阻板深度对隔振效果的影响

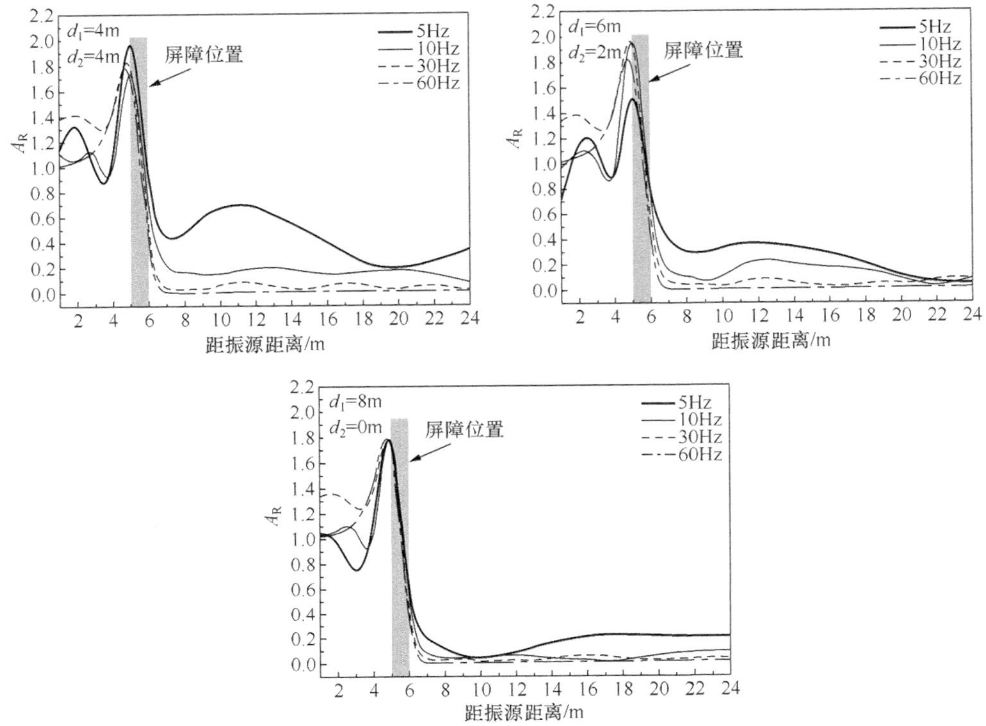

图 6.12（续）

图 6.13 给出了空沟和波阻板深度总共为 6m（d_1+ d_2=6m）时，两者的深度在不同比例下，隔振屏障后地表面平均振幅衰减系数 $\bar{A}_R$ 的变化曲线。从图 6.13 中可以看出，空沟的深度相对较大时，隔振效果越好，但随着激振频率的升高，单纯地增加空沟深度对隔振效果影响不是很大。

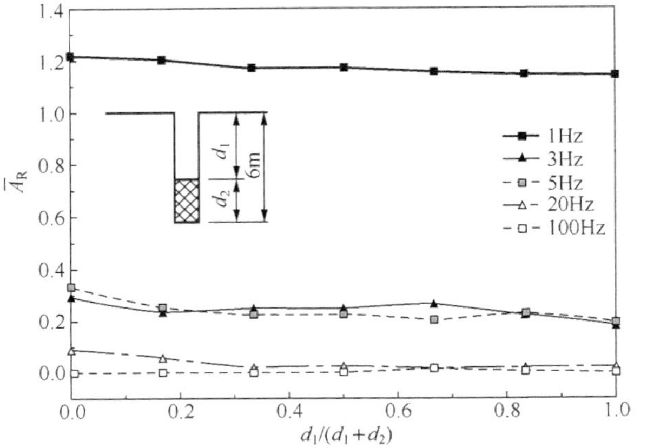

图 6.13　空沟和波阻板相对深度对隔振效果的影响

这里仅给出了荷载频率为 10Hz 时场地的位移幅值分布云图如图 6.14 所示。从图 6.14 中可以明显看出，空沟-波阻板联合隔振屏障具有较好的隔振性能，并且场地的位移场受空沟和波阻板各自的设置深度影响较大。

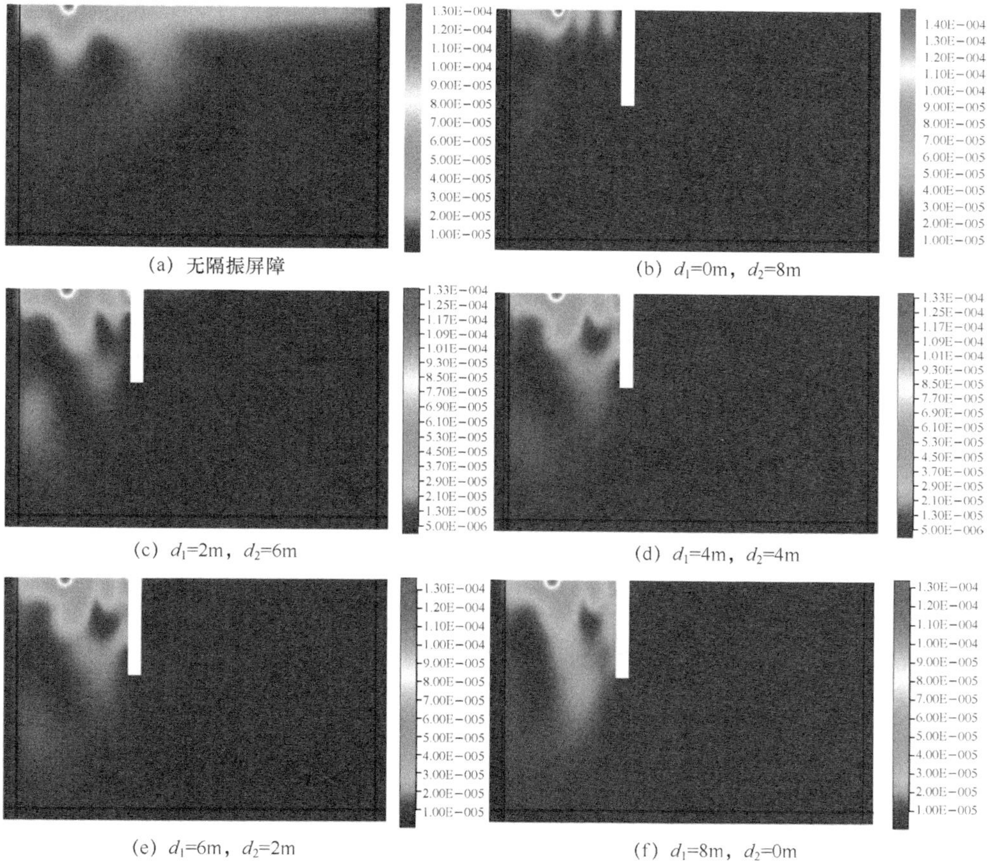

(a) 无隔振屏障　(b) d_1=0m，d_2=8m

(c) d_1=2m，d_2=6m　(d) d_1=4m，d_2=4m

(e) d_1=6m，d_2=2m　(f) d_1=8m，d_2=0m

图 6.14　场地的位移幅值分布云图

2. 振源频率的影响

为了更好地分析空沟-波阻板隔振屏障对不同频率激励下的隔振效果，图 6.15 绘制了频率分别为 5Hz 和 60Hz 时的地表面振幅衰减系数 A_R 变化曲线。从图 6.15 中可以发现，空沟-波阻板联合隔振屏障的隔振效果基本上介于单一的空沟隔振和单一的波阻板隔振之间，并且随着空沟相对深度 d_1 的逐渐增加，屏障的隔振性能也随之增强。同样也可以看出，相比于振源频率为 5Hz，在频率为 60Hz 时，空沟-波阻板联合隔振屏障的振幅衰减系数 A_R 均小于 0.2，说明当激励频率越高，联合隔振屏障的隔振效果越明显。此外，当振源频率为 5Hz 时，随着空沟深度的增加，振源侧的空沟边缘位移幅值将会明显增大，从而不利于空沟边缘的稳定性；而当振源频率为 60Hz 时，虽然振源侧空沟边的位移幅值不随空沟深度的增大而显著变化，但相比于 5Hz 时的数值可以看出，振源侧空沟边的位移幅值均已达到了很大的数值，也不利于采用较大的空沟深度进行隔振。

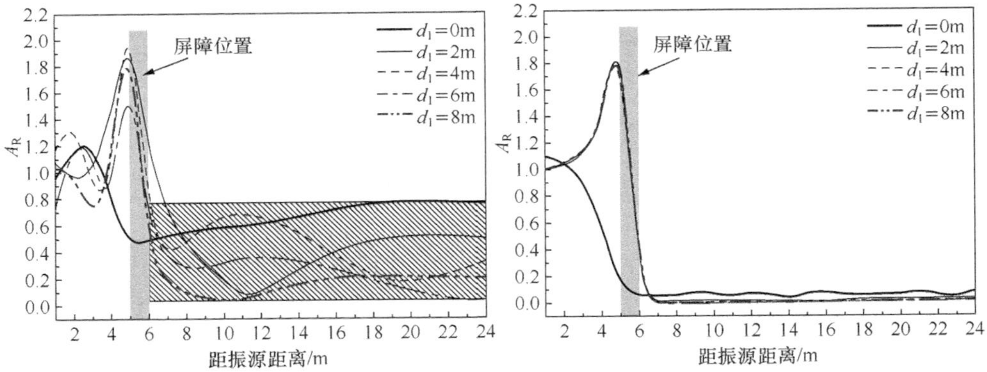

(a) f=5Hz　　(b) f=60Hz

图 6.15　振源频率对隔振效果的影响

3. 波阻板弹性模量和深度的影响

考虑空沟和波阻板深度均为 4m，图 6.16 给出了在振源频率分别为 5Hz 和 60Hz 的情况下，波阻板材料的弹性模量变化对隔振性能的影响曲线。由图 6.16 可以看出，当振源频率较低时，波阻板与地基土之间弹性模量比值的变化对联合隔振屏障的隔振效果有着显著的影响，虽然振幅衰减系数 A_R 的最小值基本相似，但其出现的位置将随着波阻板弹性模量的变化而发生移动。当振源频率较高时，波阻板与地基土弹性模量之间的差异对隔振性能几乎没有影响。

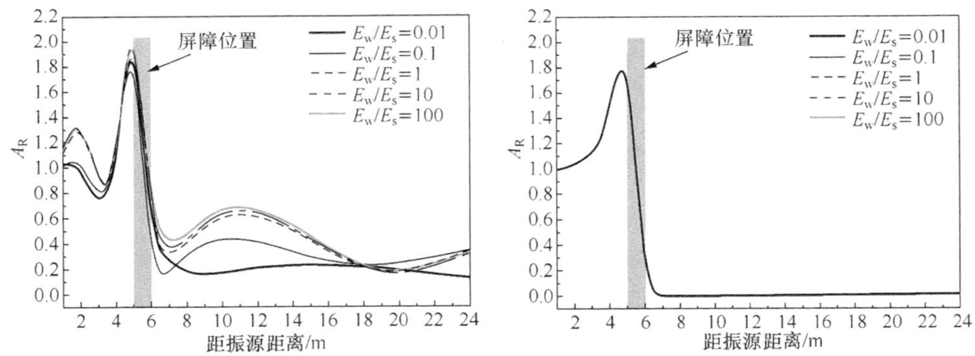

(a) f=5Hz　　(b) f=60Hz

图 6.16　波阻板弹性模量对隔振效果的影响

为了考察波阻板的存在对空沟隔振的影响，考虑深度为 4m 的空沟，在其下部分别设置深度为 d_2=2m 和 4m 的波阻板以形成空沟-波阻板联合隔振屏障。图 6.17 分别绘制了振源频率为 5Hz 和 60Hz 时，地表面振幅衰减系数 A_R 的变化曲线。从图 6.17 中可以看出，低频振动时波阻板的存在将有效地提高地基的隔振效果，而当 f=60Hz 时，增加波阻板几乎不影响其隔振性能。这也进一步说明了空沟-波阻板联合隔振屏障可以有效地弥补仅采用单一的空沟屏障对低频振动隔振欠佳的缺陷。

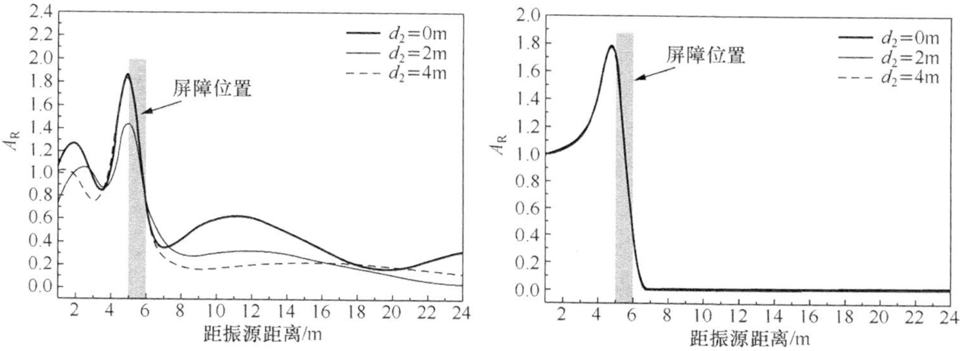

(a) f=5Hz　(b) f=60Hz

图 6.17　波阻板深度对隔振效果的影响

考虑空沟深度 d_1=3m 保持不变，图 6.18 绘制了下部波阻板埋深变化时，不同激振频率下隔振屏障后地表面振幅衰减系数 $\overline{A}_R$ 的变化曲线。从图 6.18 中可以看出，空沟-波阻板隔振屏障在中高频时具有很好的隔振效果，并随着频率的增加而增强；在低频时由于波长较长，隔振效果较差。

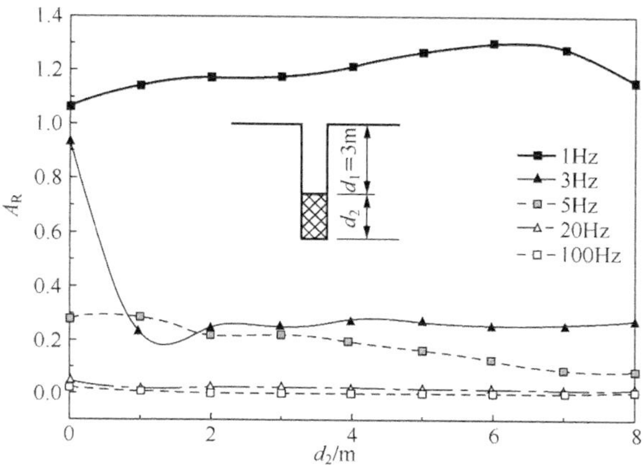

图 6.18　波阻板深度变化对隔振效果的影响

6.4　空沟-波阻板联合隔振屏障的三维分析

二维模型可以较好地定性描述振动规律，但在具体数值上和实际的三维模型存在较大的差异，因此用三维模型计算振动响应更为合理。本节针对三维弹性地基中空沟-波阻板联合隔振屏障，分析了不同荷载下联合隔振屏障的隔振性能。

6.4.1　简谐荷载作用下的隔振性能

1. 有限元模型

考虑弹性半空间中设置由空沟和波阻板形成的联合隔振体系如图 6.19 所示。分布简谐荷载 $Pe^{i\omega t}$ 作用于半空间表面，利用 COMSOL 建立的三维有限元模型为 80m×40m×30m，选择较大的模型尺寸是为了减少边界效应所产生的影响。其中，简谐荷载的幅值为 P=10kN，正方形作用区域边长为 l_2=1m，荷载距离左边界 l_1=20m，距隔振屏障 l_3=5m；空沟和波阻板的宽度为 b，长度为 L，深度分别为 d_1 和 d_2；为了消除对半空间域进行人为截断而引起的反射波，模型中采用厚度为 l_{PML}=1m 的完全匹配层吸收边界。模型中采用的网格尺寸为 1/8L_R（L_R 为瑞利波长），并进行了网格细化研究。离散单元采用二次巧凑边点单元，模型网格划分如图 6.20 所示。

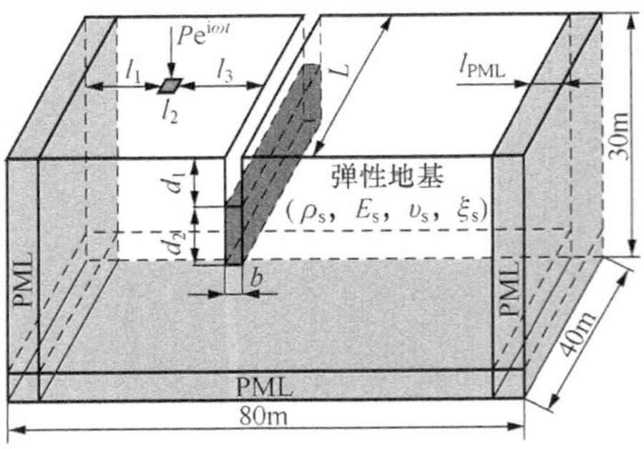

图 6.19　有限元模型示意图

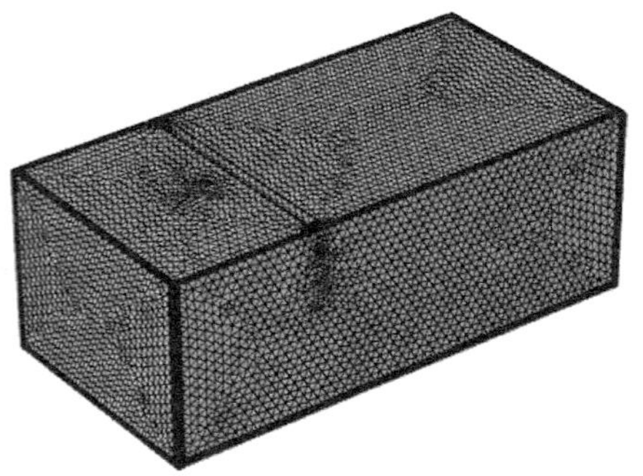

图 6.20　模型网格划分图

地基土和波阻板的物理力学性质见表 6.2（分别用下标 s 和 w 表示）。其中，材料阻尼通过各向同性损耗因子的形式实现。模型中设置了处于地表面的监测点以测试地基的振动响应，观测点从振源边缘开始，间隔 2m 设置。

表 6.2　物理力学性质

E_s/（kN/m²）	υ_s	ρ_s/（kg/m³）	E_w/（kN/m²）	υ_w	ρ_w/（kg/m³）	ξ_s	ξ_w
4.6×10⁴	0.25	1800	3.0×10⁷	0.3	2400	0.05	0.02

同样，采用振幅衰减系数 A_R 对隔振屏障的隔振效果进行分析评价。为研究方便，采用瑞利波波长对各几何参数进行了无量纲处理，由于激振频率的不同，无量纲尺寸有所改变。

2. 模型有效性验证

有限元模型的网格尺寸对模型的计算精度至关重要，因此在 COMSOL 中建立模型进行计算前一般要进行网格细化研究，在地基振动领域，一般网格的大小取为 $1/6L_R$、$1/8L_R$、$1/10L_R$，此处以 f=30Hz（L_R=3.1m）为例进行分析。由图 6.21 可知，在网格逐渐细化的过程中，地表竖向位移幅值变化很小，说明在 COMSOL 中可以采用 $1/6L_R$ 的网格精度进行计算，同时考虑精度和计算耗时，这里采用 $1/8L_R$ 的网格尺寸进行计算。

为了考察完美匹配层吸收边界的吸波效果，图 6.22 绘制了吸收边界内的位移幅值曲线。从图 6.22 中可以看出，随着距截断边界距离的增加，竖向位移幅值迅速减小，达到 PML 边界时，竖向位移幅值已接近于 0，说明完美匹配层的吸波效果较好，可以避免因人工截断边界引起的反射波，进而较好地模拟半无限域的辐射条件。

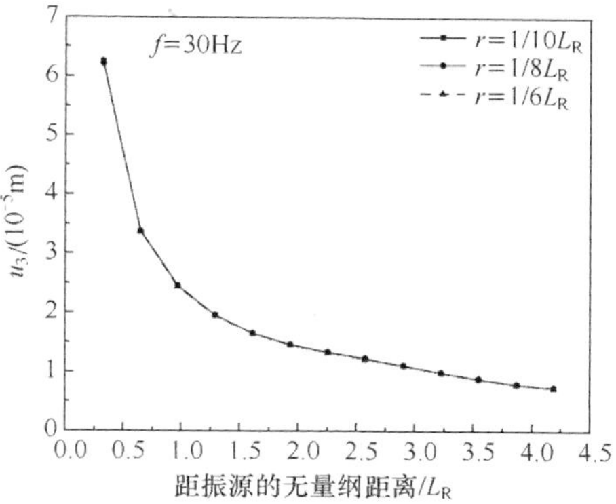

图 6.21 网格细化研究

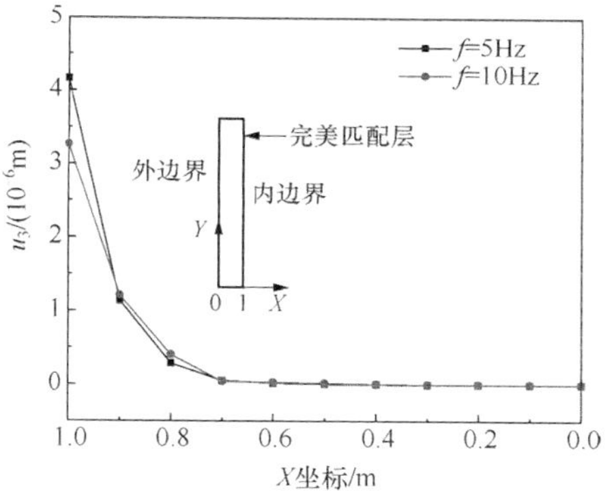

图 6.22 完美匹配层吸波效果

由于以往的隔振研究中尚没有空沟-波阻板联合隔振屏障，因此将模型退化为空沟体系进行验证，即当波阻板深度为 0 时，空沟-波阻板联合隔振屏障退化为空沟模型。选取与 Alzawi 等[12]相同的地基土参数与空沟参数，将模型所得结果与文献［12］进行的现场试验所得数据作对比。空沟宽度为 0.25m，深度为 3m，长度为 20m，空沟距离振源 2.5m，激振频率为 40Hz。如图 6.23 所示，两者结果吻合较好，部分差异可能是由于有限元模型中采用了单相弹性均质地基，而实际情况中的地基情况并非如此。

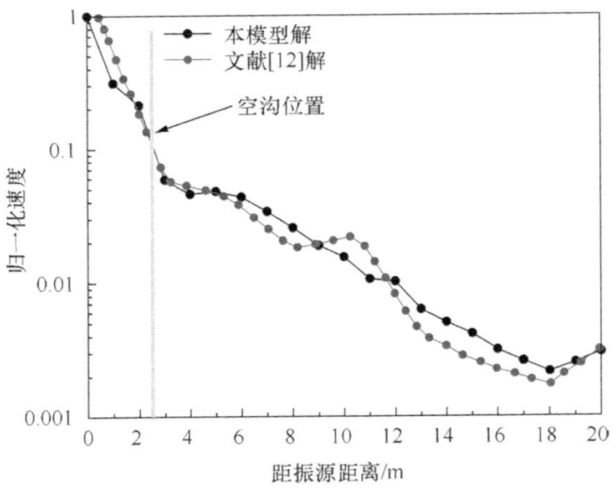

图 6.23　退化模型验证

3. 数值分析与讨论

下面将通过数值算例分析空沟-波阻板联合隔振屏障的物性参数（地基与波阻板的模量比）、几何参数（空沟深度、波阻板深度、屏障长度和距振源的距离）及载荷参数（振动波频率）等对其隔振性能的影响规律。

（1）空沟深度

根据以往的研究可知，深度对空沟屏障的隔振效果影响较大，空沟作为联合屏障的主要组成部分，有必要研究空沟深度对联合屏障隔振效果的影响，因此考虑波阻板深度为一定值，改变空沟深度，分析在不同荷载激励频率下联合屏障隔振效果的变化规律。

图 6.24 给出了不同激振频率下空沟深度对联合屏障隔振效果的影响，可以明显看出，空沟深度对联合屏障的隔振效果影响较大。其中，在 f=5Hz，波阻板深度分别为 $0.2L_R$、$0.4L_R$ 时，空沟深度的增加对隔振效果均有一定的改善，但并不是单调变化的（这与波阻板的埋深同时变化有关），而是在 $d_1=0.3L_R$ 时隔振效果相对最好。当 f=10Hz、30Hz 时，随着空沟深度的增加，联合屏障的隔振效果逐渐变好，其中在空沟深度达到 $0.3L_R$ 时，A_R 值逐渐稳定，隔振效果较好。

以上结果表明，空沟深度依然是影响联合屏障隔振效果的重要因素，考虑到实际工程中空沟受深度的限制和经济因素，结合本节对空沟深度影响规律的定性分析，在设计时空沟深度宜取为 $0.3L_R$。

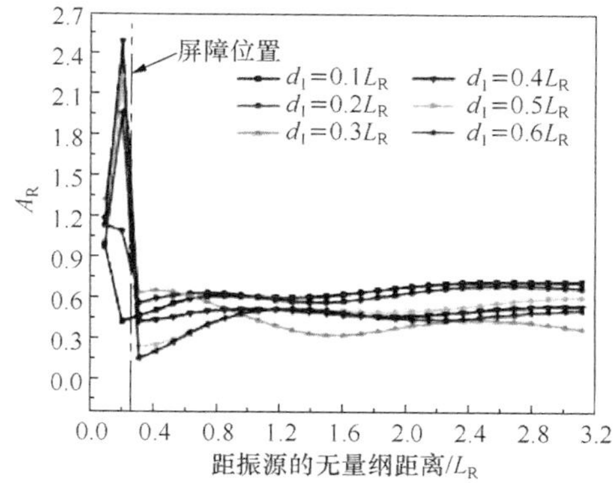

(a) f=5Hz, $d_2=0.2L_R$

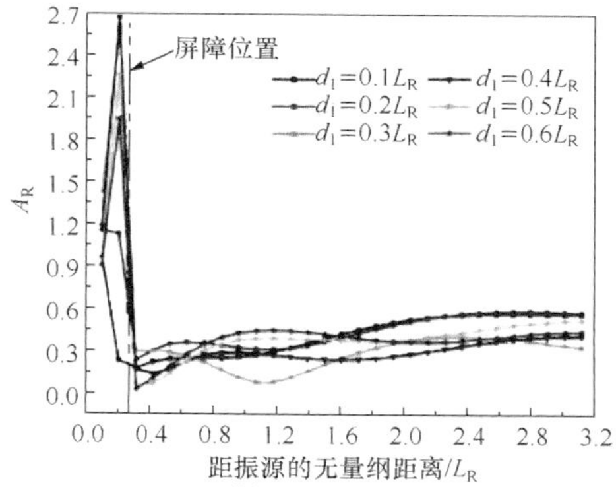

(b) f=5Hz, $d_2=0.4L_R$

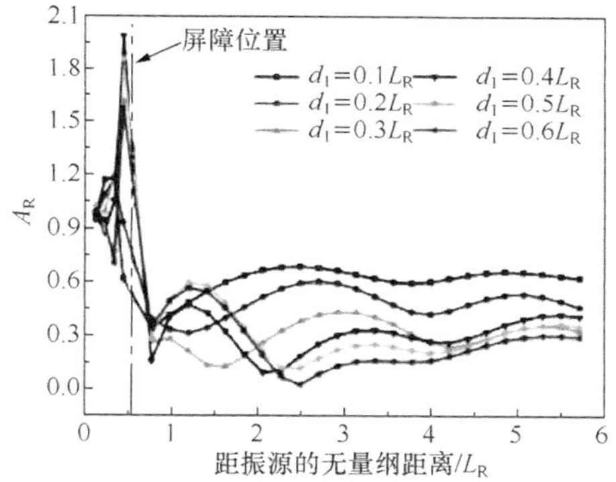

(c) f=10Hz, $d_2=0.2L_R$

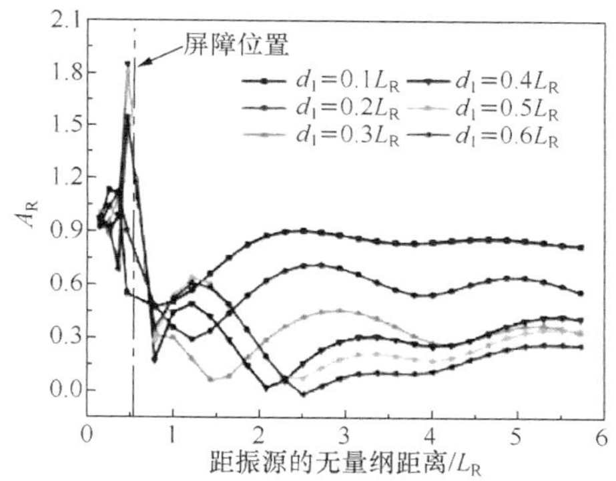

(d) f=10Hz, $d_2=0.4L_R$

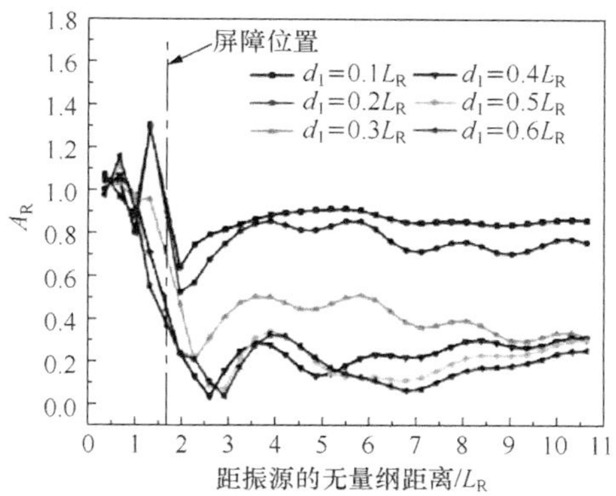

(e) f=30Hz, $d_2=0.2L_R$

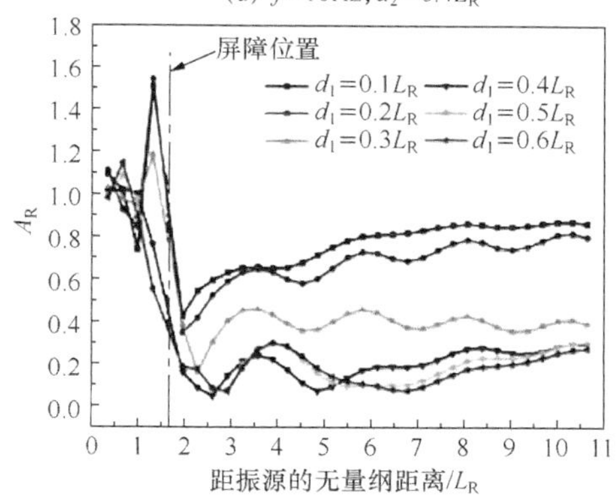

(f) f=30Hz, $d_2=0.4L_R$

图 6.24　空沟深度对隔振效果的影响

(2) 波阻板深度

为研究波阻板深度对空沟-波阻板联合屏障隔振效果的影响，设空沟深度为 $d_1=0.1L_R$（$0.2L_R$），考虑波阻板深度分别为 $d_2=0.1L_R$、$0.2L_R$、$0.3L_R$、$0.4L_R$、$0.5L_R$、$0.6L_R$，图 6.25 给出了不同情况下的振幅衰减系数曲线。

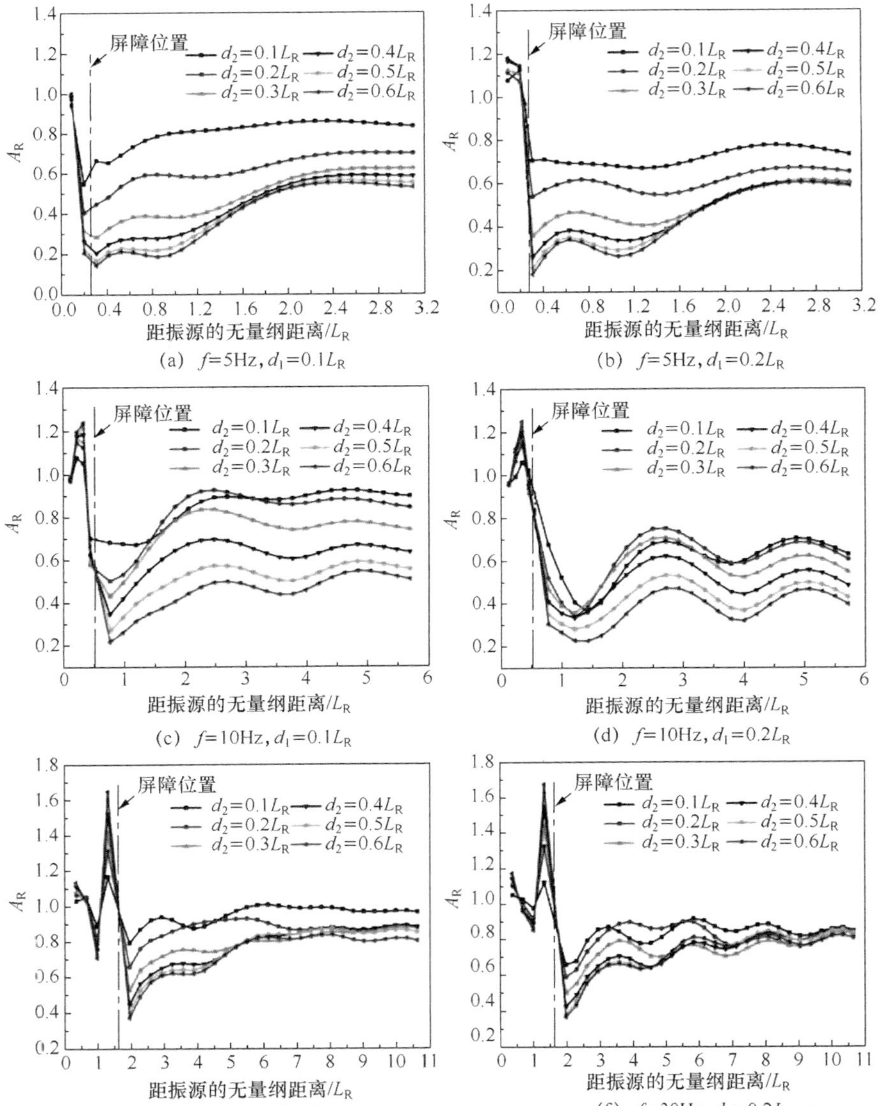

(a) f=5Hz, $d_1=0.1L_R$　(b) f=5Hz, $d_1=0.2L_R$

(c) f=10Hz, $d_1=0.1L_R$　(d) f=10Hz, $d_1=0.2L_R$

(e) f=30Hz, $d_1=0.1L_R$　(f) f=30Hz, $d_1=0.2L_R$

图 6.25　波阻板深度对隔振效果的影响

由图 6.25 可知，在不同的激振频率下，空沟深度一定的情况下，空沟-波阻板联合屏障的隔振效果均随着波阻板深度的增加逐渐增强。进一步说明，在空沟下方设置波阻板对于空沟深度不足的补充是有效的。这也意味着，在条件允许的情况下，应使波阻板的深度尽可能地大，以达到更好的隔振效果。

（3）屏障宽度

在进行隔振屏障设计时，屏障的宽度是其中不可或缺的一项参数。以往的研究表明，空沟的宽度对其隔振效果影响不大，而波阻板的宽度则影响较大，且宽度越大，隔振效果越好。由于空沟-波阻板联合屏障的施工技术要求空沟部分和波阻板部分的宽度必须相同，因此在本节分析中，使屏障宽度在实际工程可取范围内变化，其他参数保持不变，计算了相应的振幅衰减系数，结果如图 6.26 所示。

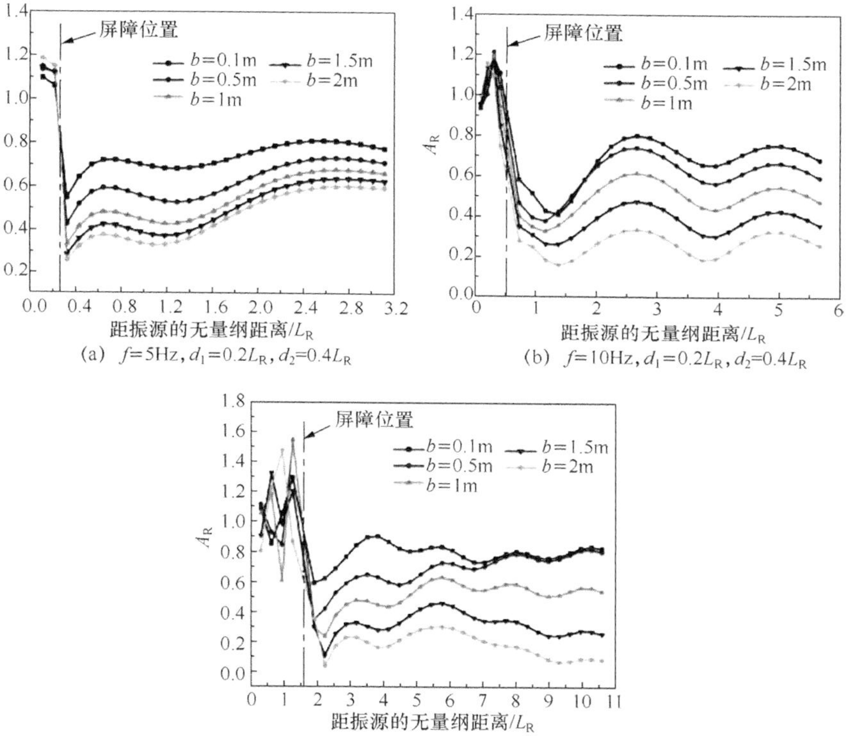

(a) f=5Hz, d_1=0.2L_R, d_2=0.4L_R

(b) f=10Hz, d_1=0.2L_R, d_2=0.4L_R

(c) f=30Hz, d_1=0.2L_R, d_2=0.4L_R

图 6.26　屏障宽度对隔振效果的影响

由图 6.26 可以明显地看出，在不同激振频率下，屏障宽度越大，联合屏障的隔振效果越好。在实际工程施工时，屏障宽度是较容易控制的参数之一，因此为达到更好的隔振效果，应使屏障宽度尽可能地大。

（4）波阻板弹性模量

为研究波阻板弹性模量变化对空沟-波阻板联合屏障隔振效果的影响，取空沟深度 d_1=0.2L_R，波阻板深度 d_2=0.4L_R，考虑波阻板与弹性地基的弹性模量比分别为 E_w/E_s=0.001、0.01、1、100、1000，观察联合隔振屏障的隔振效果变化，计算结果如图 6.27 所示。

从图 6.27 可知，波阻板的弹性模量对空沟-波阻板联合屏障的隔振效果影响较大，这意味着在进行联合屏障的设计时，可以通过调整波阻板的弹性模量以获得更好的隔振效果。可以发现，在三种频率作用下，波阻板的弹性模量较小时，联合屏障的隔振效果更好。其中，f=5Hz 和 10Hz 时，增加波阻板的弹性模量尚有效果，然而当 f=30Hz 时，增加弹性模量反而削弱了隔振效果。

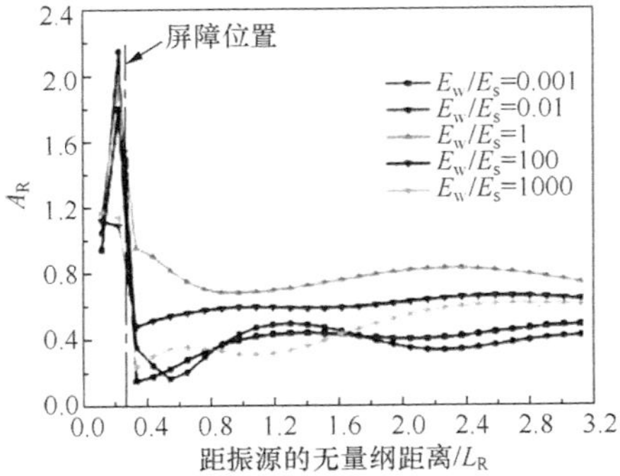

(a)　f=5Hz, d_1=0.2L_R, d_2=0.4L_R

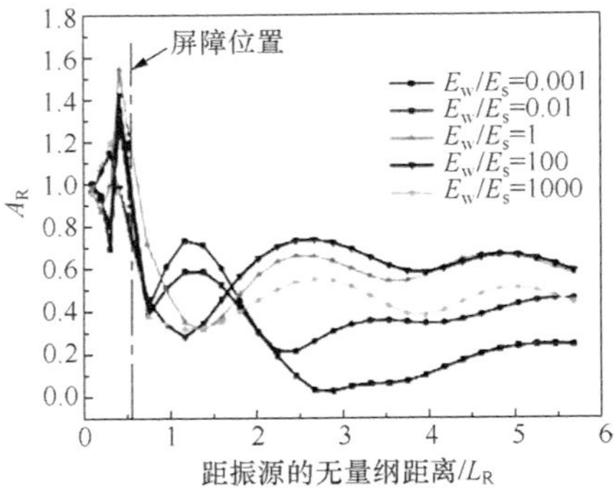

(b)　f=10Hz, d_1=0.2L_R, d_2=0.4L_R

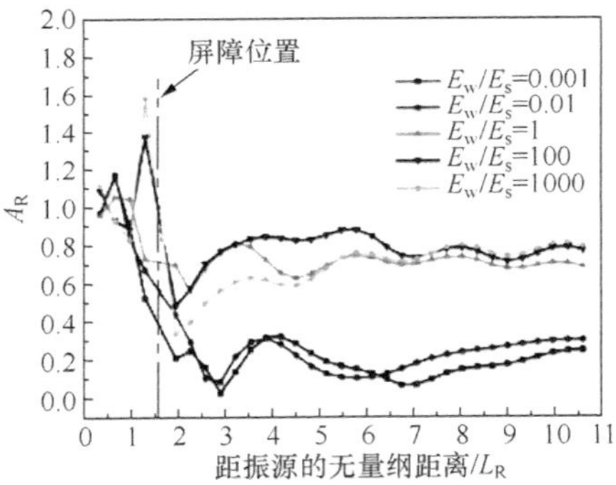

(c)　f=30Hz, d_1=0.2L_R, d_2=0.4L_R

图 6.27　波阻板弹性模量对隔振效果的影响

因此，一般来说，波阻板与地基的阻抗相差越大，其阻断效果越好，但还与实际的振动频率密切相关。

（5）屏障长度

屏障长度是三维分析中的一个重要参数，为研究屏障长度对空沟-波阻板联合屏障隔振效果的影响，考虑空沟深度、波阻板深度等参数分别为一定值，当屏障长度发生变化时，联合屏障的隔振效果的影响如图 6.28 所示。

由图 6.28 可知，屏障长度对空沟-波阻板联合隔振屏障的隔振效果影响较大。在振动波频率为 5Hz 时，隔振屏障长度越大，隔振效果越好；当频率为 10Hz 和 30Hz 时，当屏障长度达到 2.5L_R 时，联合屏障的隔振效果达到最佳，继续增加屏障长度改善不大，并会出现隔振效果下降的情况。因此在实际条件允许的情况下，应使联合屏障的长度尽可能地接近 2.5L_R。

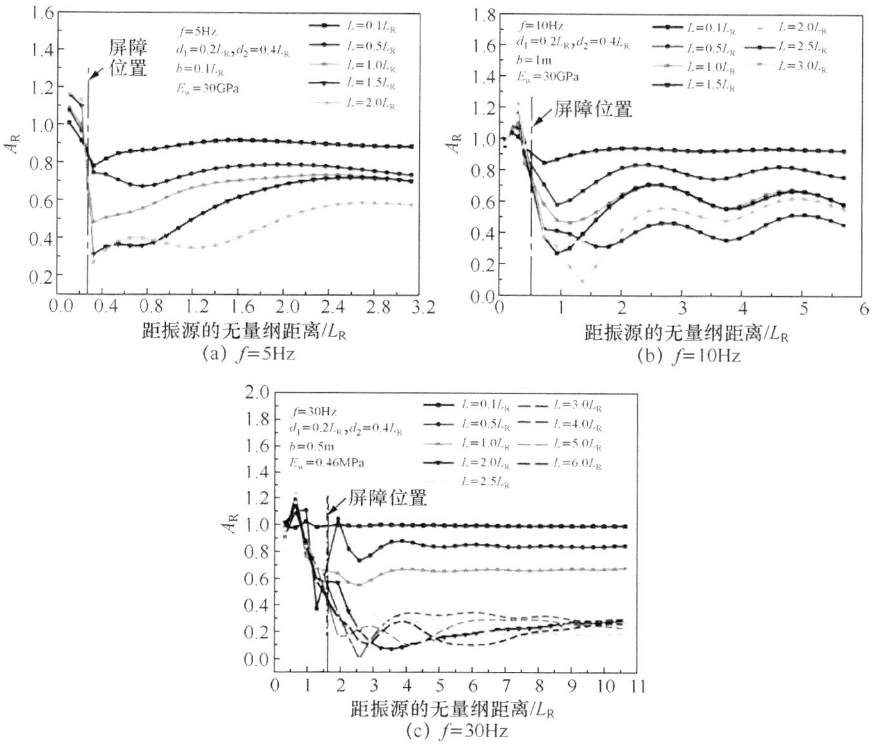

(a) f=5Hz　　(b) f=10Hz　　(c) f=30Hz

图 6.28　屏障长度对联合屏障的隔振效果的影响

图 6.29 绘制了激振频率为 5Hz 时，不同屏障长度下竖向位移幅值的等值线图。从图 6.29 中可以看出，联合屏障的长度越大，对地表竖向位移幅值的影响也越大。

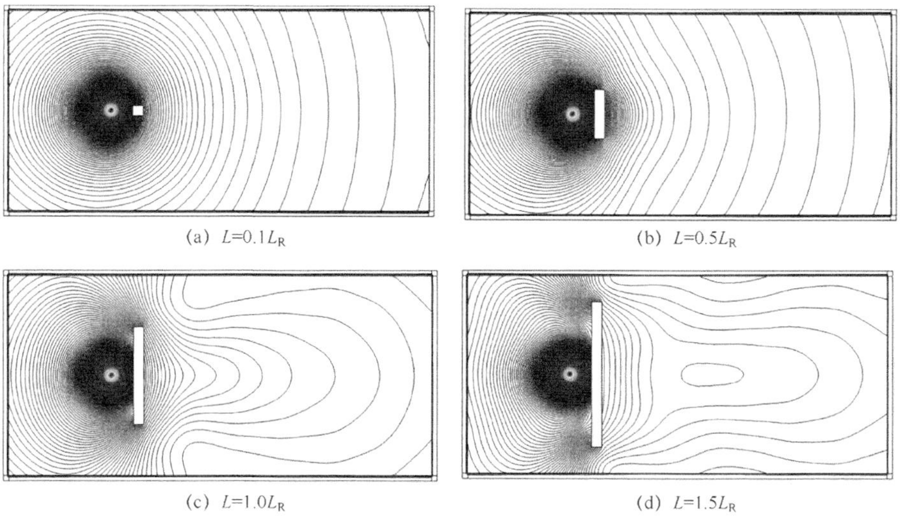

(a) $L=0.1L_R$　　(b) $L=0.5L_R$　　(c) $L=1.0L_R$　　(d) $L=1.5L_R$

图 6.29　不同屏障长度下竖向位移幅值等值线

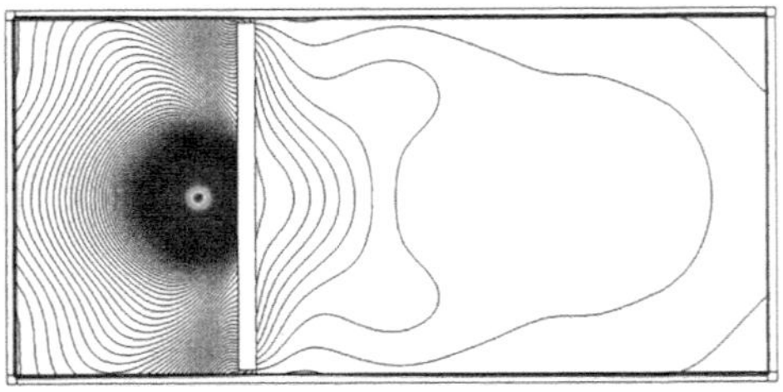

(e) $L=2.0L_R$

图 6.29（续）

（6）屏障距振源距离

根据屏障距振源的距离，可将隔振分为近场主动隔振和远场被动隔振，研究振源-屏障距离变化对隔振效果的影响有较大的实际意义。依据瑞利波长与振源距的关系，高广运等[13]认为对于一般土场地（泊松比≥0.35）、$l_3>2.5L_R$ 时（l_3 为屏障距振源的距离），以及对于较硬岩石场地（泊松比≤0.3）、$l_3>5.0L_R$ 时，可视为远场，小于该距离时为近场。

算例中选取的地基土泊松比为 0.25（<0.35），为较硬岩石场地，当 $l_3>5.0L_R$ 时为远场。考虑空沟深度和波阻板深度分别为 $d_1=0.2L_R$，$d_2=0.4L_R$，当屏障距离振源发生变化时，观察联合隔振屏障的隔振效果，计算结果如图 6.30 所示。

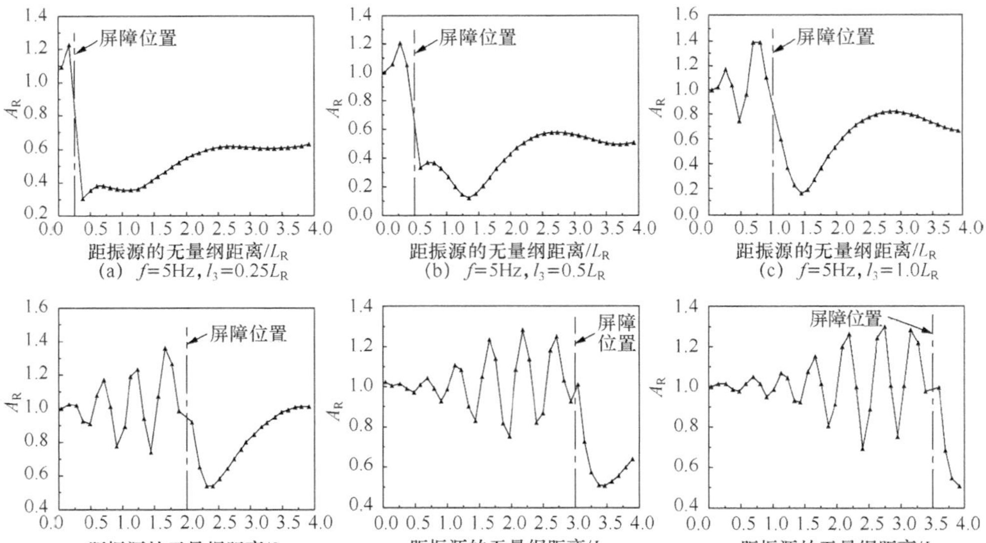

(a) $f=5\text{Hz}, l_3=0.25L_R$　(b) $f=5\text{Hz}, l_3=0.5L_R$　(c) $f=5\text{Hz}, l_3=1.0L_R$

(d) $f=5\text{Hz}, l_3=2.0L_R$　(e) $f=5\text{Hz}, l_3=3.0L_R$　(f) $f=5\text{Hz}, l_3=3.5L_R$

图 6.30　屏障距振源的距离对隔振效果的影响

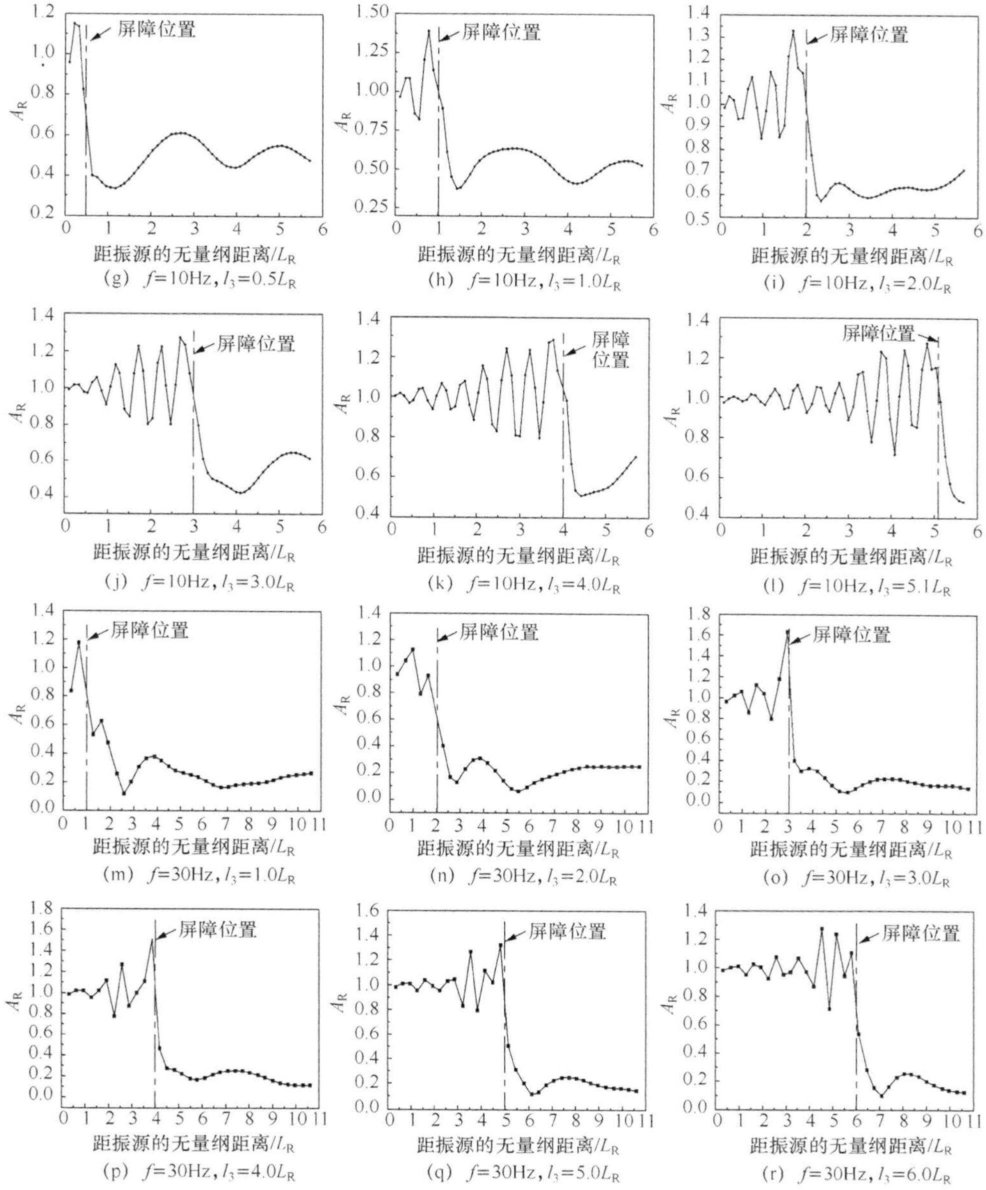

图 6.30（续）

从图 6.30 可知，当 f=5Hz 时，在各个距离下，A_R 曲线的变化规律几乎一致，但随着屏障距振源越远，A_R 值的峰值逐渐变大，说明此时联合屏障的隔振效果变差；当 f=10Hz 时，屏障距振源距离越远，联合屏障的隔振效果越差；当 f=30Hz 时，振源距屏障的距离对联合屏障的隔振效果影响不大。考虑到各个频率下的变化规律，总体来看，屏障距振源的距离越大，越不利于隔振，这说明空沟-波阻板联合隔振屏障更适用于近场主动隔振，在实际应用时，应将联合隔振屏障尽量设置于离振源较近的位置。

4. 不同连续隔振屏障的比较分析

为了进一步分析，通过数值计算将空沟-波阻板联合屏障的隔振效果与传统的空沟屏障和波阻板屏障的隔振效果进行对比。设置空沟屏障深度为 2m，宽度为 1m；波阻板屏障深度为 3m，宽度为 1m，弹性模量为 30GPa；空沟-波阻板联合屏障的空沟深度为 2m，波阻板深度为 3m，屏障宽度为 1m，波阻板弹性模量为 0.46MPa，计算结果如图 6.31 所示。

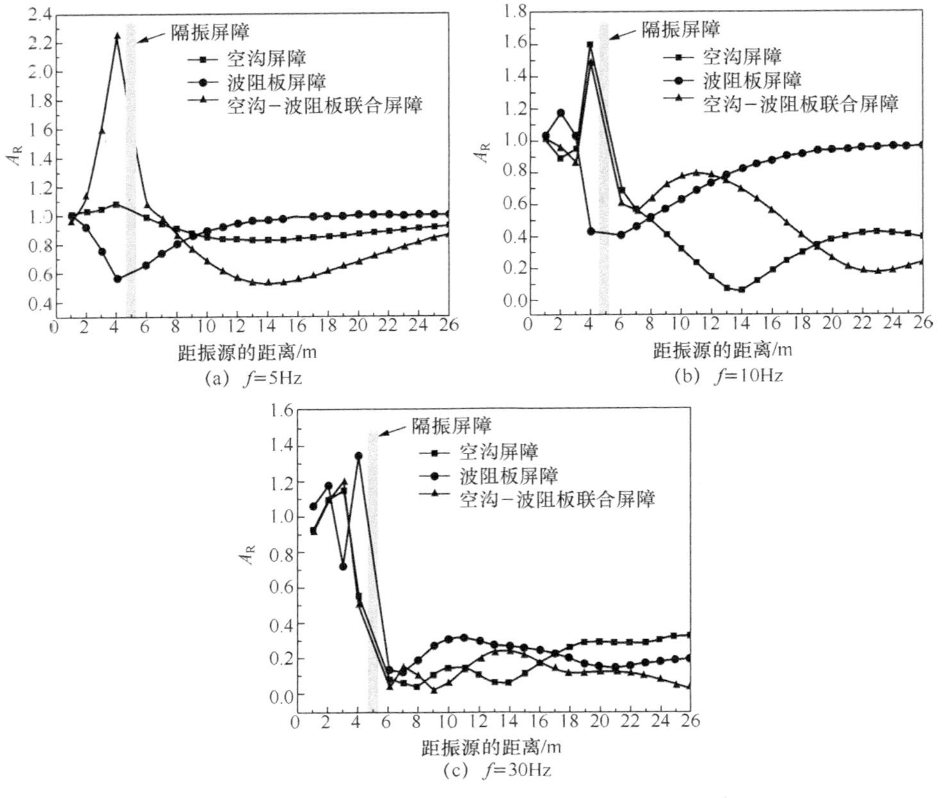

图 6.31　不同隔振屏障的隔振效果对比

由图 6.31 可知，在三种激振频率作用下，空沟-波阻板联合屏障的隔振效果均较好，在低频时最为明显。这说明空沟-波阻板联合屏障可以适用于较大范围频段的隔振，起到更好的隔振效果。

6.4.2　移动荷载作用下的隔振性能

1. 有限元模型

考虑振动点荷载在半空间表面以速度 v 沿 x_1 轴正方向移动，荷载表达式如下：

$$F = Pe^{i\omega t}\delta(x - vt) \tag{6.31}$$

式中，P 为荷载幅值；v 为荷载移动速度；$\omega = 2\pi f$ 为荷载自振圆频率；δ 为狄拉克函数。

利用 COMSOL 建立了三维有限元模型，模型尺寸通过试算后确定为 $100\text{m} \times 50\text{m} \times 30\text{m}$。弹性半空间和波阻板的计算参数见表 6.2，为了消除对半空间域进行人为截断而引起的反射波，模型中采用了厚度为 3m 的 PML 边界。

2. 模型有效性验证

荷载自振圆频率 ω 趋近于 0 时，问题退化为移动恒荷载作用在弹性半空间表面的动力响应。Eason[14] 研究了弹性半空间在不同类型的移动恒荷载作用下的动力响应，在这里选取其中移动点荷载的一个算例进行验证。采用刚性岩层上 20m 厚的均匀土层来近似代表半空间地基，地表作用有沿 x_1 坐标方向移动的速度为 60m/s 的竖向点荷载。地基土密度为 2.0g/cm³，剪切波速为 100m/s，泊松比为 0.25，阻尼系数为 0.01。

图 6.32 给出了移动点荷载正下方 1m 深处观察点的竖向位移时程曲线，并乘以 $2\pi\rho v_S^2 / P$ 进行无量纲化处理，图中同时给出了 Eason[14] 得到的均匀弹性半空间地基的解析解结果。可以看出，两者结果吻合较好，验证了本节计算模型的正确性。

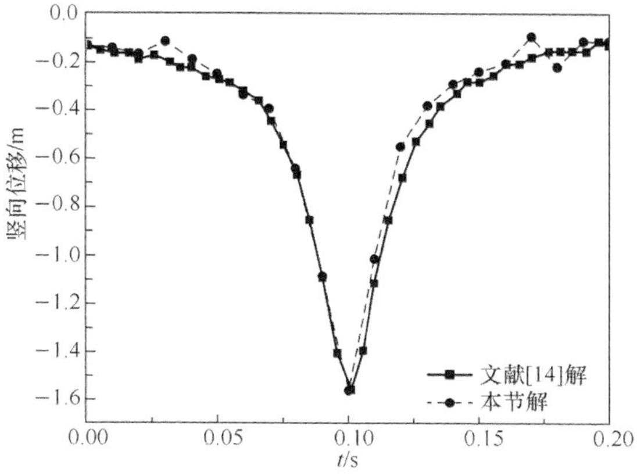

图 6.32　模型对比验证

3. 数值分析与讨论

由于在 6.4.1 节中已经对空沟-波阻板联合隔振屏障的模量比、空沟深度、波阻板深度、屏障长度等参数进行了较为详细的讨论，下面将主要针对移动简谐荷载的自振频率和移动速度对隔振性能的影响进行分析。

（1）荷载自振频率

以坐标（50,33,30）为观察点，分析荷载自振频率对联合屏障隔振效果的影响。图 6.33 和图 6.34 分别给出了速度 v=10m/s 时不同自振频率移动荷载作用下观察点处的竖向位移时程曲线及振幅衰减系数变化曲线。其中，空沟-波阻板联合屏障的设计参数保持一致，为 d_1=0.3L_R，d_2=0.4L_R，b=0.1L_R，E_w=30GPa，L_R 为 f=10Hz 时的瑞利波长。从图 6.33 和图 6.34 可以看出，在频率较低时，空沟-波阻板联合屏障均具有一定的隔振效果，且频率越高，隔振效果越好。

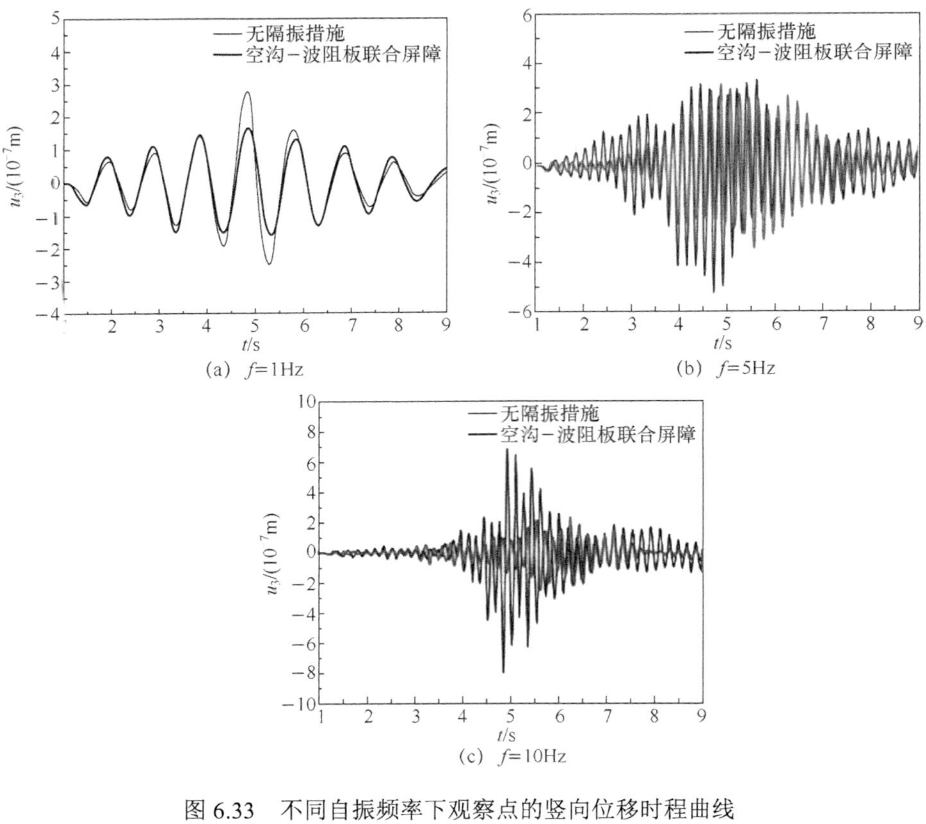

(a) f=1Hz　　(b) f=5Hz

(c) f=10Hz

图 6.33　不同自振频率下观察点的竖向位移时程曲线

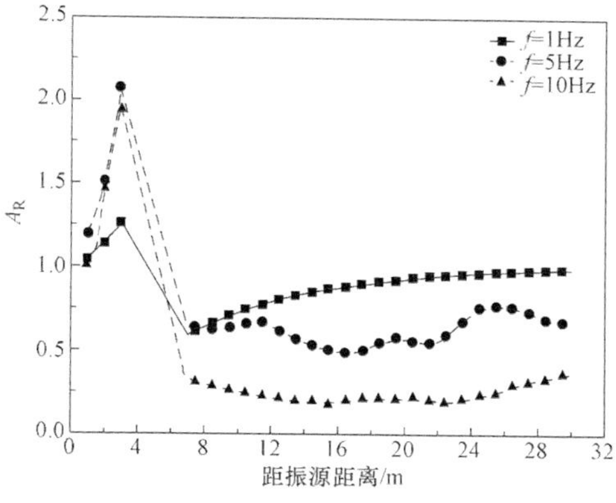

图 6.34　不同自振频率下联合屏障的隔振效果

（2）荷载移动速度

图 6.35 和图 6.36 分别绘制了不同荷载移动速度下空沟-波阻板联合屏障的隔振效果，其中，移动速度分别为 10m/s、30m/s、60m/s，荷载频率 f=1Hz。由图 6.35 和图 6.36 可知，荷载移动速度越快，联合屏障的隔振效果越好，这是因为当荷载移动速度较快时，所产生的振动波主频较高，波长较短，与荷载自振频率的规律相似。

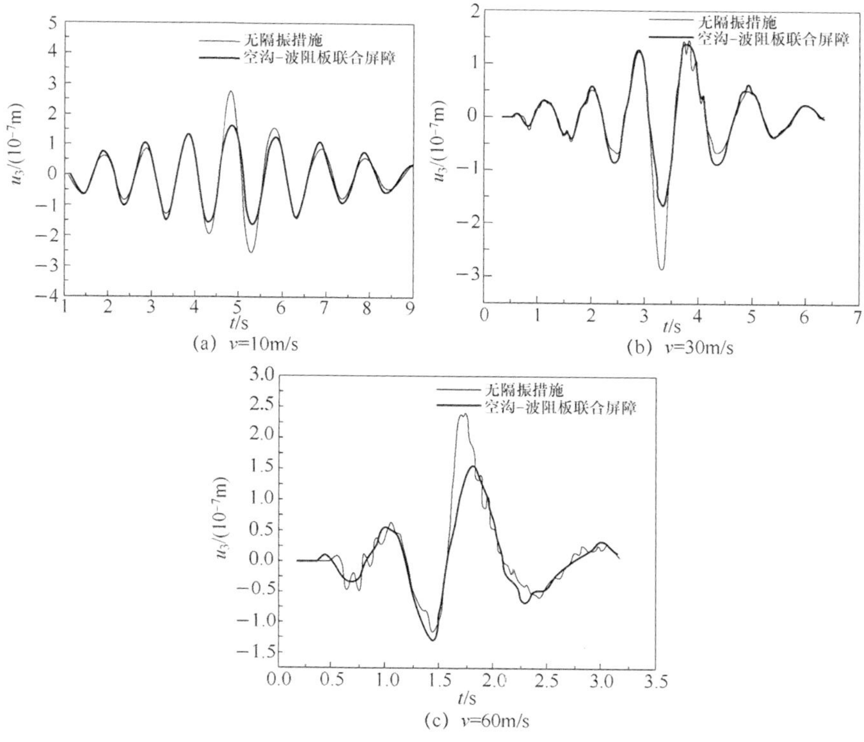

图 6.35　不同移动速度下观察点的竖向位移时程曲线

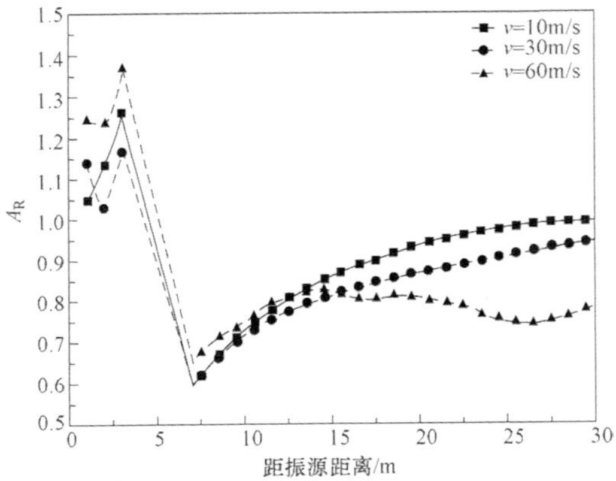

图 6.36　不同移动速度下联合屏障的隔振效果

参 考 文 献

[1] ZENG Y Q，HE J Q，LIU Q H. The application of the perfectly matched layer in numberical modeling of the perfectly matched layer in numerical modeling of wave propagation in poroelastic media [J]. Geophysics，2001，66（4）：1258-1266.

[2] MEZA-FAJARDO K C，PAPAGEORGIOU A S. A nonconvolutional，split-field，perfectly matched layer for wave propagation in isotropic and anisotropic elastic media：stability analysis[J]. Bulletin of the Seismological Society of America，2008，98（4）：1811-1836.

[3] GROTE M J，SIM I. Efficient PML for the wave equation[J]. arXiv：1001.0319 [math.NA]. 2010，1-15.

[4] BERENGER J P. Three-Dimensional Perfectly Matched Layer for the Absorption of Electromagnetic Waves[J]. Journal of Computational Physics，1996，127（2）：363-379.

[5] KOMATITSCH D，TROMP J. A perfectly matched layer absorbing boundary condition for the second-order seismic wave equation [J]. Geophysical Journal International，2003，154（1）：146-153.

[6] ZHOU F，ZHOU Z，MA Q. Study on the vibration isolation performance of an open trench-wave impedance block barrier using perfectly matched layer boundaries[J]. Journal of Vibration and Control，2022，28（3-4）：329-338.

[7] ZHOU F X，MA Q，GAO B B. Efficient unsplit perfectly matched layers for finite-element time-domain modeling of elastodynamics[J]. Journal of Engineering Mechanics，2016，142（11）：1-12.

[8] ZHOU F X，WANG L Y. An efficient unsplit perfectly matched layer for finite-element time-domain modeling of elastodynamics in cylindrical coordinates[J]. Pure and Applied Geophysics，2020，177：4345-4363.

[9] 周凤玺，曹小林，M. B. 贾克萨. 极坐标系下非分裂 PML 及时域有限元实现[J]. 应用数学和力学，2015，36（9）：956-969.

[10] 周凤玺，马强，周志雄. 二维地基中空沟-波阻板联合隔振屏障分析[J].岩土力学，2020，41（12）：4087-4092.

[11] 周凤玺，张家齐，张海威. 完全匹配层中衰减函数的参数优化分析[J].石油物探，2016，55（6）：793-799.

[12] ALZAWI A，NAGGER M H E. Full scale experimental study on vibration scattering using open and in-filled （GeoFoam）wave barriers[J]. Soil Dynamics and Earthquake Engineering，2011，31：306-317.

[13] 高广运，王文东，吴世明.黄土中灌注桩竖向承载力试验分析[J].岩土工程学报，1998，20（3）：75-79.

[14] EASON G. The stresses produced in a semi-infinite solid by a moving surface force[J]. International Journal of Engineering Science，1965，2（6）：581-609.